# 讀歷史．學管理

麥嘉隆　著

## 歷史與人物篇

## 理論、教育與人才篇

## 現實篇

# 序一
# 心靈疫苗

麥嘉隆是一位具敏銳洞悉力的本土作者。這是我在他的《麥言回首——秒殺偽管理》發佈會上，與他對談留下的深刻印象。

七年後，欣悉他有新作付梓。《讀歷史·學管理》再次顯示麥嘉隆品評政商人物得失，猶如英文諺語所說：「Read a person like a book.」

他出身市場調查及企業管理顧問，理論基礎穩固。亦曾任職屈臣氏、牛津大學出版社等大機構高層，不久前更創立了 D Mind Education 為小朋友引入學習英語的系統課程。其實戰

經驗豐富，不僅是紙上談兵的 KOL。

麥嘉隆的新一輯文章，內容有根有據，表述有紋有路。言簡意賅，富啟發性。每讀一篇，猶如觀賞由專家主講的一場 TED Talk。

香港對上一次遇上大疫症時，經濟呆滯，人心惶惶。當時另一位智者友人馮兩努鼓勵市民在「空轉期」多讀書，自我提升，為下一次啟航做好比別人更充足的準備。另一位智者胡國興前大法官，在上一次特首選舉後退隱江湖前勉勵大家：「堅守自己的小陣地，在陽光下，努力為生命的理想堅持。」

《讀歷史‧學管理》正好是香港人在逆境中、小陣地裏，裝備自己的心靈疫苗。

**何安達**
資深公關顧問及前行政長官辦公室新聞統籌專員
2021 年 5 月 31 日

## 序二
# 趣味與實用性並重的管理智慧

我讀中學的時候，最怕讀歷史科。我的記憶力很差，很怕讀一些需要背誦的科目，而且年少的我，總認為人應該要展望將來，那些歷史事件跟我沾不上邊。我記得中三升中四選科的時候，因為擔心被編到文科班要讀歷史，我不是努力讀好理科，而是刻意讓我的文科成績比理科更差。那一年我的歷史科便不及格，雖然我的理科成績也不是十分標青，但我還是順利地被編到理科班。

年輕的時候，的確不太懂得歷史的價值，年紀漸長後，才慢慢懂得欣賞歷史，知道讀多一點歷史的好處，並且會以史為鑒。因為我發覺歷史會不斷地重複，只是以不同的方式展現，

讀多一點歷史，對生活、工作和投資都有好處。如果我當年努力一點讀歷史，也許工作發展會更順利，現在成為一個更出色的管理人。

很多人喜歡研究別人的成功故事，我認為從別人的失敗中學習更重要，成功通常有很多條路，但失敗的原因卻都差不多。股神巴菲特的拍檔蒙格便經常説：「我只想知道我會在甚麼地方死去，我便永遠不去那個地方。」讀失敗個案，就是知道通常人們會在甚麼地方死去，我們就不要去那個地方好了。因此，從歷史看管理，不但要讀成功個案，還要讀失敗個案。阿 Ben 的《讀歷史·學管理》，成功和失敗的案例都很豐富，是每一個管理人員必讀的書籍。

我和阿 Ben 認識了二十多年，他是一個少有橫跨不同行業，都做得非常出色的管理人員，他不會受到傳統行業守舊的制肘，反而努力去創新和突破。工作以外，他還是一個很博學的人，是一個理論和實踐並重的商管人。他的這本《讀歷史·學管理》很能反映他的管理智慧，是一本趣味與實用性並重的讀物，我誠意推薦給每一位想在管理上更上一層樓的讀者。

**曾錦強**
資深廣告人及 The Bees 創辦人
2021 年 6 月 1 日

## 序三
# 兵無常法，活讀活用

為麥嘉隆兄的新書寫序，令我享受了一次愉快的閱讀經驗。論風格，麥兄的處女作《麥言回首——秒殺偽管理》和現在的新著《讀歷史‧學管理》一樣，都是以談管理啟其端，進而論世局人生，每篇文章篇幅不長，輕鬆易讀、文字生動，題材十分貼地，讀來津津有味。

在瀰漫着偏激和浮躁的歲月，文字界能夠有一些充滿書卷味的文章，不慍不火，娓娓道來，確是難能可貴，能令人在當下「低氣壓」的日子中增添些趣味和生氣；我在這裏向大家誠意推薦麥兄的新著。

麥兄是管理人，但對管理學卻鞭撻有加，這種「吾愛吾師，吾尤愛真理」的批判精神確是難得。在新著中他再接再厲，跟讀者討論「設計思維」。近年收到與管理有關的講座、研討會等邀請，不少都以「設計思維」作主題，初看不知為何物，再看就覺得有些虛張聲勢。正如麥兄的文章所言，設計思維的理念「只不過稍有營銷經驗的人都知道這是近乎『阿媽是女人』的老生常談。」（見〈設計思維——學生級的顯學〉一篇）

很多管理學理論皆如是，簡單的大道理，卻包裝成「嚴謹」的理論；事實上，成功的管理人都要因時制宜、靈活變通，再加上刻苦耐勞和一點運氣才能成就大業。兵無常法，勝者為王，我很同意麥兄在書中所言，管理人應該多讀歷史，從前人的經驗中學習；管理學教材應該以個案研究為基礎，在成功和失敗的先例中摸索出自己合用的謀略，這不是比單啃管理學理論更有用嗎？

在〈高官的歷史素養〉一篇，麥兄慨嘆大部份官員和從政者都不讀歷史，他以前教育局局長孫明揚在報紙專欄的文章〈普世落實普世價值的方案〉為例，指出孫局長對歷史認知的多處謬誤，例如民族、中原、同化等說法和觀念，其實都涉及複雜的史實和史識，但局長卻把問題愈說愈糊塗（其實單看

局長文章的題目，就有不知所云之嘆）。

據說香港老一輩的政務官多在大學時唸英文系，英文好，自然方便跟洋人上司交流，成為一大優勢；記憶中政務官唸歷史的好像沒有幾個。中華帝國王朝統治者都讀歷史，唐太宗「以史為鏡，可以知興替」已成名言，北宋司馬光編《資治通鑒》，就以十六朝一千三百多年的歷史匯成巨著，總結歷朝得失，供統治者借鑒。宋神宗御賜《資治通鑒》之名，就是取其「有鑑於往事，以資於治道」之意。

香港回歸祖國，承中華道統，高官都應該讀些歷史，從中吸取經驗和教訓；如果行政長官多讀歷史而不是「看的都是自己的書」（見〈讀書好〉一篇），就應該不會有硬推「逃犯條例」一役 ......（下刪三百字）！

我對歷史有極濃興趣，喜鑽故紙堆；在麥兄書中有〈香港是日本的老師〉一文，原以為是談港日關係，主要內容卻原來關乎英華書院的歷史。我是英華校友，前年參加母校二百年校慶的一些活動，得以溫習了一遍英華校史，原來極不簡單；英華書院出版香港第一份中文報紙《遐邇貫珍》，報道大量國際消息，是日本明治維新時期知識界了解世界大事的其中一個主要媒介；麥兄說「日本知識分子視英華書院為亞洲第

一學府,是提供西方知識的寶庫」,此言非虛。

麥兄文章還提及曾任英華校長的理雅各博士(James Legge),他隨英華從馬六甲遷到香港,然後在香港定居近三十年再返回英國,成為牛津大學首位漢學教授。歷史「癮」起,希望在麥兄文章之外補一筆。

皇仁書院創校原來跟理雅各有關;1860 年 7 月理雅各獲委任為港英政府的教育局委員,他提出改革香港教育制度的計劃,其中一項建議是創辦由政府管理的中央書院(香港最早的官校,皇仁書院的前身)。理雅各在教育局的影響力甚大,當年的港督羅便臣爵士當即表示支持他的建議,中央書院於是在 1862 年 2 月開學。中央書院重視英語教育,為香港的華人學生在學習西方知識和了解世界方面打下了基礎,國父孫文就是中央書院的畢業生。

想起這段歷史,是有感於香港從來就是一個接通中西文明、能夠在包容不同文化過程中發展成一個國際都會,這是香港的寶貴資產,未來我們還可以繼續保留這種特色嗎?

麥兄新著輕巧易讀,但他的文章其實是大量閱讀之後提煉出來的精華,我們讀來輕鬆,但他的創作過程應該絕不簡單,

每篇文章最尾都有「參考資料」，附錄了幾本參考書，中英俱備，可作為「延伸閱讀」的素材。麥兄閱讀範圍甚廣，故多有新意和創見，這也是本書值得細看、不能不看的原因。是為序。

**陳景祥**
資深傳媒人
2021 年 6 月 3 日

# 序四
# 廣覽中外　開拓視野

麥嘉隆兄出版新書《讀歷史·學管理》，囑在下寫序，欣然聽命。

十多年前因公事認識麥兄，知道他是出版教科書和市場推廣專才，料不到這位「番書仔」同時也博覽歐美商業發展的書刊和精讀中國近代史，眼界和視野與一般中環搵錢至上的高級行政人員甚有差別。

因中國強勢的關係，不少 1997 後才發現中國的財經界精英紛紛惡補中國歷史，特別是 1840 年後的中外關係史，覺得中國今天強大，平視美國，一洗百多年的屈辱，十分自豪。至於

這段歷史帶給中國人民甚麼教訓，甚麼代價和文化成本並不是重點，最重要的是，由 1980 年至今，沿海（包括香港）發達搵銀，出現大量億萬富豪，不要破壞收成期。

麥嘉隆兄這本新書談歷史，講西方商業故事，從日本明治維新時期到香港汲取西方新知至羅湖站廁所廁紙會議，以及三個學校壞蛋對世界產生的巨大影響，皆令人頭腦為之一振。香港眾多港產加拿大人、澳洲人、英國人……以進入收成期為念，不妨看看〈中國和西方分道揚鑣〉這一篇，中國和西方的對抗，自 1949 年發展至今，已進入新階段，香港精英，包括富豪建制派，以前都親英美，到了習近平年代，精英必須選邊了。

馬雲已變鵪鶉，能閱讀 1949-1979 年中國歷史的，不會覺得奇怪。

麥嘉隆兄雖然不是歷史專家，但他廣覽中外個案，把其中精要帶給讀者，貢獻很大，這本書值得推介。

**香樹輝**
資深銀行家及公關顧問
2021 年 6 月 5 日

# 序五
# 不知者不序

收到麥嘉隆先生邀約為其新書作序。我與作者素未謀面，本來不知者不序，無謂恃老賣老，但翻閱了新書的目錄，又看了為他撰寫序文的老友記推介，確實引起我的閱讀興趣。

大紅花轎人抬人，一向是商場管理的金科玉律，但前提必須是講真話。作者盛意拳拳，本人唯有臨急抱佛腳，率先選讀了本書有關 DHL 國際創辦人，本人亦師亦友的鍾普洋先生的章節。當中提及七十年代 DHL 成立之初，如何成功駁回港英政府控告破壞皇家郵政局的專利，絕對是值得一讀的經典案例。這是香港開埠以來最重要及影響深遠的一宗打破市場壟斷的官司，歌利亞恃強凌弱主動興訟，原意想把大衛撲滅

於萌芽，結果最終偷雞唔到蝕渣米。如果當年港英政府勝訴，DHL 固然不會成為日後的跨國企業集團，鍾普洋亦隨時可能負上刑責，對全香港、兼令全世界的速遞、物流、航空業有所窒礙，影響極其深遠。尤幸當年這顆殖民地治下的東方之珠，始終是人人平等的法治社會，可見司法獨立對社會發展的重要性。可惜，凡此種種皆俱往矣！在此順帶補充一點，當年代表 DHL 的大狀，正是我們的另一位老友記李柱銘。當年他仍未從政，是香港數一數二的華人金牙大狀，DHL 官司盡顯其獨到觀點與銳利詞鋒。如此法律界殿堂人物，為香港貢獻良多，近日在法庭的遭遇，正是香港今昔之別的歷史鐵證。

常言道溫故可知新，即使往日的香港已成明日黃花，一本通書再不能睇到老，但《讀歷史 · 學管理》鑑古知今，借古諷今，的確是本好書；開卷有益是錯不了。希望大家好好享受這次閱讀之旅。

**鄭經翰**
資深工程師、出版人、時事評論員
2021 初夏於溫哥華

# 序六
# 鑒往知來，必有所悟

歷史是過去的人的故事。帝皇將相，一旦擁有權力，其實都是從前的管理人，有的失敗，有的成功。管理學是關於權力、人、效益的三角學問，人類社會，千百年來，無非就是這個三角架構中的衝突和平衡。

麥嘉隆將歷史學和管理學，古今中外結合，上下縱橫引證，理論與實踐並行，故事與人物交錯，學識淵博，趣味廣弘，細節豐富，文筆活潑，以他本人的經驗，融合敏銳的洞察力，成就香港國際現代大城市特色的這本 21 世紀管理學新讀本。公司總裁、企業顧問、政治領袖，讀過這本歷史人文和 MBA 各取精華的思想書，必有所悟。

**陶　傑**
著名作家及跨媒體節目主持人
2021 年 6 月 18 日

# 自序

幾年前因一個偶然機會出版《麥言回首——秒殺偽管理》，得到多位文化界前輩支持，《信報》創辦人林行止先生更謬讚「文章充滿新意，願向讀者推薦。」初次執筆有這種成績當然高興，同時也是壓力，擔心新書不能保持水準，所以一直未敢第二度筆耕；直到經歷了香港 2019 和 2020 年翻天覆地的變化，聽到自覺「不懂政治[1]」的鄭月娥可以成為政治問責官員之首，反省自己有一點點管理和讀書心得，也該有信心與讀者分享。

......................

1　〈不被理解感孤獨　林鄭自言不太懂政治〉，《am730》，2020 年 8 月 28 日。

幾年前香港出現一千元偽鈔，專家立即指出偽鈔的編號，叫市民小心；稍後有另一些專家詳細講解真鈔的設計和防偽特徵，兩種方法一正一反，都能幫助市民避免損失。管理沒真假之分，卻有好壞之別，筆者希望發掘一些發人深省的成功和失敗故事，正反對照，加上一些個人經驗，希望讀者可以有所啟迪，不被社會上的噪音影響，能夠客觀探討成敗背後的因素和管理的規律，在面臨巨大變遷的時代多一些觀點幫助估計事情發展的軌跡，尋找合適的出路。

感謝友好何安達、曾錦強、陳景祥、香樹輝、鄭經瀚和陶傑賜序，天地圖書曾協泰、陳儉雯、王穎嫻、楊曉林和編輯團隊的支持，使本書順利出版。

麥嘉隆

2021 年 6 月

歷史與人物篇

# *讀書好*

2022 年特首換屆之期漸近，不斷有建制中人砲轟鄭月娥政府抗疫不力、治港無方，令連任之途添變數。鄭月娥努力融入國家治理體系，有目共睹，甚麼地方不夠全面呢？會否是她沒有緊跟習主席要求下屬「把讀書學習當成為一種生活態度、一種工作態度責任、一種生活追求」[1] 的教導？

鄭月娥出席書展活動時曾經說：「現在看書不多，看的都是自己的書」，「自己的書」應該是十多年前任職社會福利署

---

1 〈習總書記愛讀這些書，附最全書單〉，人民網—生命時報，2016 年 03 月 04 日。

時定期投稿《明報》的文章和競選特首時的宣傳小冊子；又說，以前是書展常客，最愛選購烹飪書。

或許海峽彼岸的蔡英文更符合習主席「讀書」的心意。

2018 年底，台灣民進黨在九合一縣市選舉慘敗，蔡英文的民望跌至谷底，民意支持與今天的鄭月娥相近，但她沒有「開倉派錢」收買民望（蔡民望大跌的其中一個原因，正是為控制政府支出，減少軍人、公務員和教師的退休福利），反而去跑書店，一口氣買了 19 本歷史書：《泰國史》、《寮國史》、《緬甸史》、《新加坡史》、《最黑暗的時刻》、《82 年生的金智英》、《亞歷山大的征服與神話》、《地中海世界與羅馬帝國》、《絲路、遊牧民與唐帝國》、《亦近亦遠的東南亞》、《印加與西班牙的交錯》、《東印度公司與亞洲的海洋》、《大清帝國與中華的混迷：何謂「中華」或「東亞」，無一不是清帝國的遺緒》、《大日本・滿洲帝國的遺產》、《從蒙古到大清：遊牧帝國的崛起與承續》、《新韓國人：從稻田躍進矽谷的現代奇蹟創造者》、《朝鮮王朝的歷史解謎》、和《朝鮮王朝的衣食住解謎》、《帝國暮色：鴉片戰爭與中國最後盛世的終結》。

歷史是研究管治成敗的上佳材料，從政的人可從中吸收智

慧,唐太宗的治國哲學是「以銅為鑑可理衣冠,以人為鑑可知得失,以史為鑑可知興替」,英國現屆國會議員中有 13% 是在大學讀歷史的,比例僅次於政治系[2];香港最後一位港督彭定康是牛津歷史系高材生。蔡英文熟讀歷史,可能是絕處重生的原因之一。

幾十年前香港經濟初起步,學校採用填鴨式教育,一般人很少會奢談博雅教育、批判性思維或獨立思考等課題,社會氣氛是讀好書只為找好工,勤力工作只為了向上爬,希望享受豐富的物質生活,無關賺錢和享樂的事通通不做,文、史、哲、科普、管理的書通通不看;不少心智仍停留在「口腔期」卻自稱處於「收成期」的「精英」正是那種教育制度下訓練出來的產品,這群人對知識沒有追求,對社會欠有關心,對世界無認識,單憑勤力讀書、看文件、背數字和順從權力來源而升上高位,有一點點權力在手卻不懂得好好利用,反弄得天怒人怨,最悲哀是不知政治風險,最終弄得兩面不是人。一直有人指摘殖民地為特區埋下炸彈,可能就是看到那些高分(及高薪)低能的人而有感而發。

........................

2  MPs and their degrees: here's where and what our UK politicians studied, Laura Rettie, Studee.com, 13 Dec 2019.

好好讀書是主席明確的指示，但職場打滾的人都明白，有些東西不必明言，下屬也需要體貼上意。例如毛主席的夫人會否叫作毛江青、習主席的夫人叫習彭麗媛？當然不會，因此，筆者建議鄭月娥除了趕快勤讀書外，應立刻戒除港英年代冠夫姓的習慣，宣告廢除「林鄭」或「林鄭月娥」的稱呼，含蓄地高調表示徹底脫英入中，可以為連任加分。

# 高官的歷史素養

2020 年中學文憑試歷史科卷有一條問題，問考生是否同意「1900-45 年間，日本為中國帶來利多於弊」，教育局長楊潤雄指令「大是大非」的問題不能討論，要取消題目；原來這位會計師局長竟然比考評局的歷史博士更精通近代史，可喜！可敬！可惜大部份官員和從政者都不讀歷史，常常提出怪論。

前教育局長孫明揚退休後在報紙寫專欄，發表〈普世落實普世價值的方案〉[1] 偉論，文章這樣開始：「自古以來，中華民

---

1　〈普世落實普世價值的方案（上）〉，孫公解碼：孫明揚，《am730》，2019 年 1 月 2 日。

族立足中原，歷經改朝換代，外部入侵者都被同化，變為更多元。」

第一句「自古以來」仿似向三歲孩童講故事的萬能 key「响好耐好耐以前」，但「好耐」即是幾耐？「自古」又有幾古？

答案藏在第二句的四個字：「自古以來，中華民族……」。1895 年前，中文幾乎沒有「民族」一詞，甲午海戰滿清大敗後，知識分子才開始討論日本「大和民族」的興起，梁啟超等人借用這概念，利用「中華民族」作為推動君主立憲的政治包裝，與推翻大清、驅逐滿人的革命思想抗衡，減少漢人對滿人的仇恨，維護清帝特權，讓愛新覺羅族人千秋萬世當中國皇帝。

清朝是滿族人打敗漢族明朝、將孫局長口中的「中原」變成被外族統治的年代，有「新清史學派」學者研究大量滿、蒙文的檔案，棄用漢族本位的史觀研究東亞史，按其思路，有一種論述說 1644-1911 年中國已亡，清朝並非中國的一個朝代。滿人入主中原後雖然沿用明朝管治體制，卻不忘彰顯主人地位，強制漢人剃髮留辮和改穿滿族服飾，有違者被殘酷鎮壓，被殺的漢人不計其數；號稱「中國」第一條按現代國際法簽訂的《尼布楚條約》也只有拉丁文、滿文和俄文版本；

二百多年來漢人一直是低等公民，即使到 1906 年慈禧頒佈君主立憲，推出的也是由滿族人控制的「皇族內閣」，從來沒有種族平等的「中華民族」概念。不過強權可以令順民失憶，將苛政當作國粹，例如留學歐洲、精通多國語言的清末大學者辜鴻銘就認定蓄辮是中華文化，到民國成立後他仍堅持留着長辮長達 17 年，直至辭世也不肯剪。

孫局長的同宗孫文 1888 年 10 月 10 日和楊鶴齡、陳少白和尤列在中環歌賦街 8 號聚會時喊的革命誓言是「驅除滿人，實行大同，四人一心，復國是從」。1911 年爆發辛亥兵變，武漢軍政府通告各省文：「滿洲以東胡賤種，入主中原，賤德相沿，幾三百載，淫威虐政，未遑具論；然以神明華胄，而戴此犬羊餘孽以為宗主，是亦曠世之奇羞，絕代之巨恥也。」之後全國革命軍屠殺滿人以萬計，仇恨之深，手段之狠，叫人不寒而慄。

後來孫文及革命黨人醒覺大清王朝 1,300 萬平方公里的疆土比明末大近一倍，於是「驅除滿人」、「滿洲東胡賤種」變成漢、滿、蒙、回、藏五族共和，變臉之快，值得今日從政的俊傑學習。當然，孫局長心目中的「古」可以是統一六國的秦朝甚至更早，不過要留意當時的秦朝疆土只有三百多萬平方公里！

至於第三、四句「歷經改朝換代，外部入侵者都被同化」是真是假？大家看看旗袍，就知道歷史並非單方向「同化」。再舉一例，中原人以前是席地而坐的，到漢代隨着絲路開通，外族文化傳入並流行，《後漢書》記載：「靈帝，好胡服、胡帳、胡床、胡坐、胡飯、胡箜篌、胡笛、胡舞，京都貴族皆競為之」。「胡床」是指可以讓人垂足而坐的椅橙，因為被胡人同化，中原人才舒舒服服有橙坐。歷史是千百年來不同文化互為影響，近 200 年中國更是大規模西化，共產主義理論家馬克思也是西方人，今日仍喃喃自語說外族全被漢化，與史實有差別。

假如局長真心相信「外部入侵者都被同化」，日本侵華其間應該倒履相迎皇軍「進入」，將他們同化，把大和民族變成中華民族的第 57 族，天皇改稱日本特區行政長官，東京成立民建聯和紫荊黨支部，蛇齋餅糭變壽司刺身，相信大受年輕人歡迎。

最後，「外部入侵者都被同化」，文化和習慣應該變為單一純正，第五句怎會「變為更多元」呢？筆者弄不懂局長的邏輯——假如有的話。

**參考資料：**

《潮流兩岸　近代香港的人和事》，周佳榮，中和出版有限公司，2016 年 9 月。

# 衝出鯉魚門：
# Hans Snook

讀商科的人應該讀過很多歷史，因為全球商學院都採用「個案研案」（case study）教學法，「個案」就是不同片斷的商業歷史。身處大時代的香港，讀一點商業史可叫人記得香港從前不是靠別人給予優惠而發展起來的，我們曾經是滙集全球人才，做世界級大事的地方。

1984 年有一位從事酒店業的年輕人 Hans Snook 從加拿大赴亞洲工作旅遊，機緣巧合加入香港一間傳呼機公司，後來公司被和黃集團收購，Snook 成為和黃電訊業務的董事總經理，

統整多間被收購的小公司，成為業界的領導牌子。

1992 年，和黃派 Snook 往英國拯救經營困難的 Rabbit 電訊，當時 Rabbit 提供傳呼機和只能定地點打出、不能接收來電的流動電話網絡（類似產品曾在香港以「和記天地線」牌子推出）；Snook 很快就認定這種技術沒有前景，大膽建議手起刀落結束 Rabbit，重新投資百億港元建立 GSM 網絡，Orange 流動電話網絡在 1994 年誕生。

Snook 眼光獨到，打破當時全球電訊界的傳統，將 Orange 定位為大眾消費品，以較相宜的通話費和優良的客戶服務，主力開發消費者市場，避免與以商務客戶為目標的其他網絡供應商競爭。策略非常成功，兩年後 Orange 在倫敦證券交易所上市，並以破紀錄最短時間被選為金融時報指數 100 隻成份股之一，1999 年市場佔有率增至 20% 後售予德國公司 Mannesmann AG，和黃獲利超過千億元，是世界商業史上其中一宗盈利最高的交易。

成就這宗世紀交易的 Snook 並非一般的行政人員，他篤信風水、灌腸、獨愛喝蒸餾水、穿皮西裝上衣、戴粗金手鏈，在英國商界別樹一幟，甚至被視為怪人，但正正是這樣怪人有眼光發掘未被開發的消費者市場，短短六年即創造出過千億

元的財富。

通訊業是科技主導的行業，有龐大科研團隊的電話公司理應享有優勢，但現實又非如此。80 年代初，掌握先進流動通訊技術的美國 AT&T 公司，委託權威的麥健時管理顧問公司分析流動電話市場的前景，麥健時相信流動電話是企業高層使用的小眾產品，一般市民無須要採用其服務，預測到 2000年全美國的用戶不超過 100 萬，不會為公司創造大量收入。AT&T 全盤接受報告，擱置投資流動網絡十多年後才如夢初醒，要高價收購擁有流動電話牌照的公司。2000 年，美國有超過一億流動電話用戶，是麥健時估算的 100 倍以上。

這就是管理顧問和真正生意人的分別，管理顧問在收集市場動態、數據分析、設計工作流程等技術性工作甚有優勢；但有前輩曾經提點說，假如拿今天最完備的資訊去設計新款汽車，方案只能反映現時受歡迎汽車的優點，結果產品誕生之日必定落後他人幾年。

真正做生意要發掘用戶的潛在需要，管理人致勝之道不是顧問報告，而是廣闊的知識面、橫向思維（lateral thinking）能力，加上膽識和靈感，最後遇上好運氣才能成功。蘋果創辦人喬布斯因家境問題只讀了 6 個月大學，但輟學後花了 18 個

月在校園流連和旁聽書法課，當時純粹為興趣，沒有考慮實際用處，直至十多年後開發 Macintosh 電腦時，字體的美學全部應用上，直到今天 Mac 仍是全球設計師最喜愛使用的電腦。

筆者大學畢業後從事市場調查及管理顧問工作，撰寫的報告經常使用一些留後路的說法：「the data suggests...」，「the respondents agreed...」，「based on the projection...」，其間不斷反省自己寫的建議是紙上談兵還是行得通？最後決定轉到前線做市務營銷，學習將理性分析結合靈感和直覺，先後為屈臣氏、牛津和 D Mind 開創新業務，獲益良多。

**參考資料：**

*Innovation in Marketing*, Peter Doyle & Susan Bridgewater, Routledge, 2011.
Interview: Hans Snook, founder, the Diagnostic Clinic, Terry Macalister, *The Guardian*, 23 Aug 2003.
AT&P Completes Deal to Buy Mccaw cellular, Edmund Andrews, *New York Times*, 20 Sep 1994.

# 小老闆、大領袖：鍾普洋

從前的香港奇妙之處，是創造世界級事業，不必要有李嘉誠級數的財團作後盾。

1972 年一家小公司敦豪國際（DHL International）在香港成立，從事國際速遞業務，公司小本經營，創辦人鍾普洋集總裁、銷售員、速遞員、會計甚至接線生於一身。啟業一年後，警員上門控告公司非法送遞信件，觸犯《郵政條例》賦予郵政局的專利，假如指控成立，敦豪將要結業。

法庭上，辯方律師團隊先陳述《郵政條例》中「協助和教唆將信件帶離或帶入香港作派遞」[1]的謬誤，指出條例解釋「信件」是「任何人或群體，用任何物料或方法，向另一人或群體傳遞信息」[2]，按此定義，任何飛機只要印有公司名稱、標誌或口號，已經為航空公司股東和管理層向香港人傳遞信息，飛機進入香港領空就已犯法。

辯方繼而針對「為此工作而受聘作信差者可為僱主派遞信件」[3]這項豁免條款，宏觀解説「信差」的定義可以解釋是一個人，而那人也可以註冊成為有限公司，即是敦豪國際。

法官接納辯方的論據，敦豪勝訴。

政府隨後上訴，但法庭基於技術原因不接納申請，因為「協助和教唆將信件帶離或帶入香港作派遞」未必犯法，正確的控罪須列明被告「協助和教唆將信件利用香港郵政署以外的途徑帶離或帶入香港作派遞」。

........................

1 "aiding and abetting in sending out of and bringing into the Colony letters for delivery"
2 "any message from a person or body of persons to another person or body of persons, produced by any means on any material to send"
3 "a messenger who is employed for that purpose can carry letters for his employer"

敦豪贏了官司後有約兩年時間發展。豈料 1976 年初，政府向立法局提出修訂《郵政條例》，將法例中容許速遞公司營運的空間完全堵塞。新法例完全忽略速遞服務對現代商業運作的重要性，而且條文十分嚴苛，即使航空公司也不能將自己的文件帶給香港分公司。假如法例通過，銀行、航運業等的運作將大受影響，違例機構的董事更可以被判監。

事態嚴重，鍾普洋急忙拜訪所有客戶、商會、銀行，痛陳利害，短短一個月即成功聯繫 13 個商會和專業團體向政府游說，最終修改草案，確認速遞公司運送的是文件（document）而非信件（letter），是提供一種和郵局性質不同的服務，因而享有合法地位。

此役不單為敦豪在香港掃除一切法律上的不確定因素，更成為所有英聯邦地區修訂郵政條例的先例，影響遍全球。

年輕讀者未必了解 70 年代殖民政府的權威，那年代即使普通公務員都高高在上、官威十足，鍾普洋 3 次的對手都是羅弼時（Denys Roberts）。羅 1966-88 年間先後出任律政司、布政司（現稱政務司長）和首席按察司（現稱首席大法官），是香港歷史上唯一先後掌管檢控、行政和司法部門最高職位的人，影響力可能不下於港督。

在法治香港社會，一間只有幾年歷史的小公司，它的老闆因為有視野、有人緣、從事對社會有益的工作，結果可以團結全港最大的銀行、商會和專業團體合力抗衡權傾朝野的羅弼時，成為領袖，創造歷史，影響世界。

**參考資料：**

*The First 10 Yards, The 5 Dynamics of Entrepreneurship and How They Made a Difference at DHL and Other Successful Startups*, 1st edition, Po Chung and Saimond Ip, Cengage Learning Asia, 2008.
*Designed to Win: What Every Business Needs to Know to Go Truly Global*, Po Chung, Leaders Press, 2019.

# 一諾千金：
# *Carlos Ghosn*

2018 年底，日本警方以瞞稅和挪用公司資產購買物業罪名扣查日產和雷諾汽車主席戈恩（Carlos Ghosn），震驚日本和法國，候審其間戈恩潛逃黎巴嫩，並召開記者會指控法國政府和日產高層設計陷害他，意圖阻止他推動日產和雷諾合併。誰是誰非，外人難有定論。

撇開潛逃事件，戈恩是筆者敬佩的管理人。

1999 年 10 月 18 日，全球記者雲集東京出席日產汽車的記者

會,主角正是來自法國雷諾汽車、空降日產僅 5 個月的戈恩。

戈恩是巴西出生的黎巴嫩人,在法國修讀大學,畢業後加入米芝蓮車胎廠,即是出版米芝蓮美食指南的公司(1900 年米芝蓮希望透過介紹全國各地的美食,吸引人多用汽車以加快更換車胎,於是出版美食指南),戈恩仕途相當順利,由練習生晉升至南美副總裁和北美總裁,後轉投雷諾成為第二把手。雷諾原為法國政府全資擁有,但連年虧損,政府決定出售部份股權使其私有化;戈恩上任後推行改革,改善各部門間的溝通和合作,提高效率,大大節省生產成本,兩年內轉虧為盈,被冠以成本殺手(le cost killer)的稱號。

1999 年,曾光輝一時的日產汽車陷入倒閉危險,在日本的市場佔有率連續 27 年下跌,負債 200 億美元,日本政府、各大銀行和其他車廠都不肯出資救亡,惟有雷諾看重其工程技術及全球分銷網絡,斥資 54 億美元購入 36.6% 股份,戈恩成為雷諾拯救日產的主帥,他 5 月抵達日本即深入了解各部門運作,又馬不停蹄走訪供應商、汽車代理和債權人,並火速定出改革方案,10 月 18 日向外公佈其大計。

對於習慣西方管理方法的人,戈恩的分析和改革十分正常:關閉部份車廠削減產能、辭退公司 14% 共 21,000 名員工,

出售非核心業務（包括所持近千間供應商的股份）、加快投資新車款、清晰界定各部門的權責、以表現代替年資制訂薪酬、委派中高層管理人組成跨部門工作小組解決問題等。戈恩大膽之處，是公佈 3 項財務目標，要求下一年度要轉虧為盈、2 年內盈利率要達 4.5% 及負債大減 70%，他更許下承諾，不成功即請辭！

戈恩後來接受史丹福商學院學報的訪問，總結改革成功的秘訣是政策必須有強大執行力配合貼地的政策，要做到這一點，他將董事局會議搬到試車場進行，目的是要高層貼近前線，避免閉門造車；他更親自以時速 200 公里試駕新車，體驗產品的優劣！

設定清晰目標加上親力親為，戈恩兩年後順利完成目標，成為日本家喻戶曉的人物，有出版商更用他的故事創作漫畫《戈恩的物語》（カルロス・ゴーン物語），大受歡迎；福島核災難之後，民調問日本人希望由誰帶領收拾殘局，戈恩名列前茅。戈恩後來接任為日產和雷諾總裁，成為唯一同時領導兩間財富 500 大機構的管理人，集團每年售出約 1,000 萬輛汽車，和美國通用、日本豐田和德國福士鼎足而立。

戈恩初抵日本之時，一句日文也不懂，不認識日本文化，連

打電話也要人協助，當然更沒有儲備可用；六個月後他提出
的改革，每每觸及日產根深蒂固的運作模式，執行難度非常
巨大，但他迎難而上，向公眾訂下轉虧為盈的目標，承諾不
成功便成仁，那份承擔和膽識，非一般管理人可比。

**參考資料：**

*Shift: Inside Nissan's Historic Revival*, Carlos Ghosn and
Philippe Ries, translated from the French by John Cullen,
Currency Book, 2005.
Saving the Business Without Losing the Company, Carlos
Ghosn, Harvard Business Review, Jan 2002.
Carlos Ghosn: Five Percent of the Challenge Is the Strategy.
Ninety-five Percent Is the Execution, Bill Snyder, Stanford
Business, 9 July 2014.

# 歷史留名：
# Robert Gordon

2014 年 2 月 7 日，英國退休將軍 Robert Gordon 到訪蘇丹共和國首都喀土木，接待他的是蘇丹總統顧問 Abdel Rahman Sadiq Al-Mahdi，特別之處是二人會面的地點在 129 年前曾經發生一場血戰，Al-Mahdi 的曾曾祖父率領軍隊殺死了 Gordon 的曾曾叔父 Charles George Gordon。

Charles George Gordon 有一個中文名叫戈登（或高登），他早年在英國皇家工兵部隊服役，1855 年隨英法聯軍出征克里米亞打敗俄國，戰時他奮不顧身跑到最前線，勘察地形和繪

製地圖，深得上司讚賞；戰後參與制訂俄羅斯、土耳其和羅馬尼亞邊界；1860 年 27 歲的戈登到達中國，在天津任工兵隊指揮官，主責英租界的城市規劃。

1862 年 9 月，太平天國軍隊逼近上海，當時李鴻章淮軍有一支由美國人 Fredrick Ward 成立的僱傭兵洋槍隊，但洋槍隊的質素參差，Ward 戰死沙場，李鴻章向英軍求助，基於英國在上海有巨大商業利益，決定委任戈登出掌洋槍隊。

戈登和其前任完全不同，他是虔誠教徒，受過正統軍事訓練，注重戰術，軍紀嚴明，禁止士兵騷擾擄掠平民百姓；打仗的時候，他總是拿一根藤杖走在隊伍的最前面，身先士卒，深得下屬敬重，有一次他的腿中彈後仍站着指揮，直至大量失血暈倒才被抬到後方。

在戈登的指揮下，「洋槍隊」屢戰屢勝，協助李鴻章平定太平天國，戰後滿清政府除了重賞戈登外，更授予提督銜（約等於省級軍區司令）、賜黃馬褂和孔雀花翎。但因為不滿李鴻章違反承諾殺死太平軍降將，戈登放棄在中國的榮華富貴返回英國建設軍事防禦工程，同時積極投入慈善活動，將清廷賞賜的白銀和在英國的大部份收入捐出來成立收容所，收養貧苦家庭的兒童。

1874 年戈登受埃及首相邀請管理蘇丹，後更成為當地總督，他懷着傳教士的心懷，只收取前任總督五分一的薪酬到達喀土木，盡力修補和鄰近地區的關係，整治官吏，廢除酷刑，禁止奴隸買賣，得到當地人民愛戴，然而種種措施都受到官僚和既得利益集團抵制，孤身奮鬥幾年後，戈登感到身心俱疲，於是辭職返回歐洲。

戈登離開蘇丹後，各種改革都被廢除，民怨四起，伊斯蘭領

袖發起聖戰，擊潰埃及軍隊，1883 年，埃及的宗主國英國決定放棄蘇丹，派遣戈登前往喀土木撤僑，但戈登知道敵方是極端伊斯蘭原教旨主義者，支持蓄養奴隸，大量殺害異教徒，統治手法十分殘忍；身為基督徒和大英帝國的代表，他決定違抗首相的命令，將婦女老弱撤走後堅決守城，放棄全身而退的機會，他一方面建築防守工程，同時要求英國派出援軍，可惜因為英國國會的爭拗，援兵遲遲未發，喀土木被圍困九個月之後被攻破，超過一萬人被屠殺，戈登在 52 歲生辰前兩日遇害。

戈登遇害的消息傳回國後，舉國哀悼，後來英國人將他生前創辦的兒童收容所改為正式學校 Gordon School，學校一直運作至今。

1890 年，天津維多利亞道（今解放北園路）一座稱為戈登堂的工部局大樓由李鴻章聯同各國駐天津領事盛大揭幕，大樓在 1976 年因地震被毀，2010 天津市政府在海河南岸重建。

1895 年，福建海岸對開 9 公里的一個海島被改稱叫「高登島」，紀念常勝將軍戈登，「高登島」的名稱一直沿用至今。

文明社會不需要也不應該有烈士，市民只期望從政者正直、有能力、有信念、富人民關懷和有國際視野。

**參考資料：**

A Soldier Named Gordon Returns to Khartoum, Ian Timberlake, *Dawn*, 9 Feb 2014.

*The 'Ever-Victorious Army': A History of the Chinese Campaign Under Lt.-Col. C. G. Gordon and of the Suppression of Tai Ping Rebellion*, Andrew Wilson, Cambridge University Press, first published 1868, digitally reprinted 2010.

# 處變不驚：Jerry Parr

2019 反修例運動其間，有影片拍到警察用「最低武力」對付
手無寸鐵的示威者、醫護、記者、社工和被制服人士。面對
質疑，最經常得到的答案是：「電光火石間……」，莫非特
區武裝部隊的訓練不包括在緊急時刻作出正確反應，只要「電
光火石」就可以隨心所欲？

專業的紀律部隊，不是這樣的。

1981 年 3 月 30 日，上任約兩個月的美國總統列根步出首都
希爾頓酒店，有槍手近距離連開 6 槍，有特工和官員中槍倒
地，負責保護總統的特工主管 Jerry Parr 「電光火石間」沒

有仿效成龍或曾志偉的電影情節開槍還擊，而是立刻以身體阻擋列根，將他推進總統專車，並繼續指揮保安行動，在專車內與總部通話：

> Parr：「Rawhide 沒事，跟進，Rawhide 沒事。」「Rawhide」是特工給列根的代號。
> 總部：「你要去醫院，還是回到白宮？」
> Parr：「我們右轉，我們要回去皇冠。」「皇冠」是指白宮。
> 總部：「回去白宮。」並重複說：「Rawhide 沒事。」
> 另一個聲音加進來說：「Rawhide 還好。」
> 寂靜二十多秒後，Parr 突然說：「我們要到喬治華盛頓醫院急診室。」

原來 Parr 在專車內為列根檢查，初時未發現流血，考慮到可能有其他槍手在附近，所以決定先回到保安嚴密的白宮，但他很快見列根臉色變得蒼白，口角流血並且呼吸困難，Parr 心感不妙，於是下令改道去醫院，並於 4 分鐘後到達；在醫院門外列根自行下車步入急症室，手術前，他以一貫幽默的語氣對醫生說：「我希望你們是共和黨人。」主診醫生回答說：「今天，我們全是共和黨人。」

外界看到列根下車步入醫院，又聽到白宮發言人轉述手術室

的輕鬆對話，普遍以為他只不過受了輕傷，只有 Parr 知道事態嚴重，原來有一粒子彈擊中防彈車的裝甲反彈射穿列根腋下，擊中肺部，距離心臟只有一吋，導致嚴重內出血，到手術室的時候已經流失身體一半血液，生死懸於一線。Parr「電光火石間」的判斷不單救了一位總統的生命，他容許列根在醫院門前自行下車「表演」的安排更是神來之筆，在一遍混亂之際起了安定人心的作用。

股神巴菲特說過：「潮退時便知誰沒穿泳褲」，意思是順景時普通人都看似了不起，只是當形勢逆轉便讓人分清優劣。美國負責保護總統的特工部門 1865 年成立，百多年來絕大多數日子都風平浪靜，外人難以知道其真正實力，但列根遇刺一幕就充份顯示他們擁有 Parr 這種臨危不亂、指揮若定的領袖，並非浪得虛名。更難得的是行刺事件後，Parr 發信予特工，內容沒半句邀功「我至叻」，反而逐一點名讚揚各人的貢獻，充份表現作為領袖的胸襟。

Parr 退役後成為牧師，繼續服務社會。

**參考資料：**

*Rawhide Down: The Near Assassination of Ronald Reagan*, Del Quentin Wilber, Henry Holt and Company, 2011.

April 3, 1981

SAIC Parr – PPD                                          116-205.0

The Events of March 30, 1981

All Personnel – PPD

The events of March 30, 1981, which we will never forget, are now a part of American History.

The pride and admiration I feel for each of you moves me deeply. All of our actions together in that incredible moment, were professional and instinctive. Training can only do so much. It takes a more profound motive to respond the way Tim McCarthy did. It was a response, self-sacrificial in nature, which all Americans in general, current and future agents in particular, will write about and think about for as long as this Agency exists.

Drew Unrue's instant response and skill in that drive to George Washington Hospital were instrumental in saving the President's life. Ray's quick move in helping me with the President, Dale's fast response to the follow-up car, Jim Varey's good judgment and assistance to Jim Brady, Eric's move toward the assailant, Bob's coverage of the departure, Kent's move toward the gun, Bill's excellent security arrangements, Dennis' skill at the wheel of the follow-up car, Russ Miller's quick decision to fill McCarthy's position, Mary Ann's good judgment in the motorcade, Bob Weakley's driving, and Joe Trainor in W-16 who handled all of our emergency communications, were all performed in the very highest traditions of this Division.

Upon reflection, I believe the events of March 30 represent all that is worst in man and at the same time all that is best. Life is lived forward, but understood backward, and in the many paths to maturity the loss of illusions is part of that most human process.

As each of us move apart physically in time from that terrible moment, we are forever bound together by the sound of gunfire and the sure and certain knowledge that, in the words of William Faulkner, we not only endured, but we prevailed.

Jerry S. Parr
Special Agent in Charge

JSP:amr

cc: AD Simpson, Protective Operations
    SA Russ Miller, Counterfeit Div.

# 我至叻：Elon Musk

幾年前有社會企業翻新深井的前紗廠宿舍作廉租屋，時任政務司長鄭月娥揭幕致詞：「今日出席的政府部門同事應該包括勞工及福利局、規劃署、地政總署、民政事務總署、社會福利署。但是，他們雖然很支持這個項目，亦很投入，但這個項目太創新，所以沒有一個局肯『認頭』……最終這個項目的政策支持和項目統籌，都是來自政務司司長辦公室裏面的一個小組」。

很難明白甚麼人需要靠公開唱衰同僚和下屬去襯托「我至叻」。

領袖如果有真材實料，認叻也無妨。網上付款系統 PayPal 的聯合創辦人馬斯克（Elon Musk）發跡後離開熟悉的金融科技界，成立火箭公司 SpaceX、電動車公司 Tesla 和太陽能系統公司 SolarCity；都是走在市場尖端的創舉。

Tesla 成立之初抄襲英國蓮花小跑車，市場反應欠佳，後來推出全新設計的 Model S 房車和 Model X 多用途運動車備受注目，2019 年生產入門版 Model 3 更是其門如市、搶盡風頭；不過汽車質素備受質疑，美國權威的《消費者報告》（Consumer Report）多次報道，車主經常遇到摩打、充電、雜聲、天窗漏水、車身裝嵌、車門掣等故障；甚至有汽車在非充電靜止狀態下無故自焚，所以不斷有投資者看淡其前景。

雖然 Tesla 有種種缺點，但早着先機，電池和軟件技術領先全球，加上帶領環保潮流，建立鮮明的企業形象，車主對牌子的忠誠度十分高，並備受投資者追捧。隨着上海廠房 2020 年投產，市值突破千億美元，超越產量是它二十多倍的德國福士、美國通用和日本豐田汽車公司 。

SpaceX 可能是比 Tesla 更厲害的科技突破。一直以來，運載太空船或衛星升空的火箭都是只能使用一次，發射完了以後就連同引擎等儀器被扔在海裏或在大氣層燒毀，所以費用很

高。SpaceX 卻成功研製可回收多次使用的火箭，令探索太空的成本大降；藉此優勢，馬斯克推出 Starlink 計劃，設置數千枚低軌衛星，提供高速和全球覆蓋的寬頻。Starlink 2020 年初開始在美國和加拿大部份地區推出，反應良好，估計短期內就可以向大部份國家提供服務。

馬斯克近年另一突破性想法，是將磁浮列車放進真空管內以比民航機更快的 1,000 公里時速行走，這種叫 Hyperloop 的技術正在短程測試階段。

以事業成就評價，馬斯克認真「叻」，但其言行卻充滿爭議，可稱為獨裁兼乞人憎，他一貫深信除自己外，所有人都不重要，作家 Ashlee Vance 寫過一個小故事：為馬斯克工作多年及公認能幹的秘書 Mary Beth Brown 薪酬微薄，於是要求加人工，馬斯克要求她放假 3 星期以測試其間辦公室能否如常運作，豈料假期剛開始，馬斯克即宣告 Brown 已被辭退！消息令公司上下大吃一驚。Tesla 高級行政人員的處境也不比秘書好，近年幾乎所有重要部門的負責人都變動頻繁，「死亡」名單包括首席法律顧問、兩任會計長、人事部總監、環球財務及營運副總裁、生產部副總裁和工程部高級副總裁。

員工如走馬燈並沒有嚴重窒礙 Tesla 的發展，證明如果有真

正傑出的領袖，獨裁可以擇善固執創造歷史；可惜真正叻的
上司是少數，自認「我至叻」的反而太多。

**參考資料：**

The Making of Tesla: Invention, Betrayal, and the Birth of the Roadster, Drake Baer, Business Insider, 11 Nov 2014.
How Tesla Sets Itself Apart, Lou Shipley, Harvard Business Review, 28 Feb 2020.

# 企業死因研究

Geoffrey West 是一位很特別的物理學家，他研究帶電核粒子
（quark）和暗物質（dark matter）卓有成就，曾獲《時代》
雜誌頒發「全球最有影響力 100 人」殊榮；後來他嘗試將物理
學理論應用在生物學和社會科學，發表一項對照生物、城市和
企業成長與衰落周期的研究，提出城市的生命力很強，可以歷
數百年以至千年而不衰；相反，大部份企業發展到一定規模後
就步向倒退或衰亡，他統計三萬家美國上市公司的數據，樣本
公司的平均壽命是 10 年，只有少數可經營百年以上。

West 的結論是任何封閉式系統，遲早會官僚架構膨脹，窒礙
生機，遇上平庸的領袖，容易踏上末路。

企業基本都是封閉系統，特別是由大股東把持的企業都是由少數人制訂政策，其他人執行，如果遇上英明的領袖，可以順風順水，否則後果嚴重。日本軟庫（SoftBank）創辦人孫正義，在雅虎和阿里巴巴成立初期入股，賺大錢之餘也成為市場佳話，名利雙收。幾年前他重點投資 WeWork 共享工作空間（Co-working Space），美其名是共享經濟時代的新營商模式，實際是做二房東，以低價租用大面積辦公室，拆細分租予小企業，賺取差價和附加服務的收費；可惜商業概念陳舊，加上用人不當，短期內虧損數百億美元，軟庫股東吃足驚風散。

著名管理學書 *Good to Great* 的作者 Jim Collins 寫了一本同樣重要的書 *How the Mighty Fall , and Why Some Companies Never Give In*，另一位學者 Sydney Finkelstein 出版 *Why Smart Executives Fail and What you Can Learn from Their Mistakes*，兩書分析了大量失敗的管理個案，發現企業絕少因為遇上從天而降、突然而來的災禍而倒閉；相反，在步向衰落的過程必定會接收到種種資訊，預示前路兇險，但領袖卻可能因為自信、自滿、自大、自保、疏忽、力有不逮，甚至心懷不軌，最終慘淡收場。

所以失敗的因素不在於領袖欠缺資訊，乃是有人拒絕面對現實。

West 的研究也可用作分析國家和城市，特區政制就是一個獨特的封閉系統，整個管治隊伍不用向香港人問責，例如推動「送中」條例時，不單以百萬計的市民反對，連政治取態保守的總商會、律師會和宗教人士都表示對法例有保留，商人劉鑾雄甚至提出司法覆核；鄭月娥卻公開表示所有反對意見都是「廢話」。緊接「反修例」風暴而來的還有港版國安法和肺炎疫情，鄭女士的民望跌至極低，建制中人也公開表示不滿政府的抗疫政策，經此變化，質疑特區政策的意見就由「廢話」升級到「抹黑中央，破壞香港和中央的關係」。

公務員事務局長聶德權已明言，特區公務員是國家幹部（但卻拿幹部幾十倍的高薪），而黨對幹部的要求是「理解的要執行，不理解的也要執行，在執行中加深理解」，新時代，新思維，公職人士要理解。

**參考資料：**

*Good to Great: Why Some Companies Make the Leap...And Others Don't*, Jim Collins, Harper Business, 16 Oct 2001.
*The surprising math of cities and corporations*, Geoffrey West, TED Global, July 2011.
*Why Smart Executives Fail and What you Can Learn from Their Mistakes*, Sydney Finkelstein, Portfolio, 2003.

# 企業獨裁成與敗：
# Ferdinand Piech

封閉體系易產生獨裁者，能幹的獨裁者可以創造奇蹟，也可
以造成極大破壞。

保時捷家族的後人 Ferdinand Piech 是十分出色的工程師，
曾設計多款跑車在賽車場上揚威；1992 年 Piech 出任深陷
財困的福士集團（Volkswagon，又稱大眾汽車）主席兼總
裁，在他領導下，公司業務改善，規模不斷壯大，透過收
購合併奧迪、保時捷、Bentley、Bugatti、SEAT、Škoda 等
汽車牌子，突破年售一千萬輛汽車的紀錄，與日本豐田和

美國通用鼎足而立。

Piech 的野心是征服美國市場，成為世界第一車廠，此計劃的一大障礙是加州對柴油車氮氧化物（Nitrogen Oxides, NOx）排放的標準比歐盟嚴格幾近一倍，為幫助德國柴油車出口，德國政府高層曾游說美國放寬排氣標準但被拒。

2009 年，福士推出號稱合乎美國市場規格的清潔柴油引擎，強調省油、低排放、好馬力，對關心環保的車主甚有吸引力；往後幾年，新引擎廣泛應用在福士、奧迪、保時捷等 15 個車系，使用新引擎的汽車在美國和全球都受歡迎。2014 年當推廣策略初見成效之際，有大學研究員實地測試福士柴油車，無意間發現氮氧化物排放超標 35 倍；美國環保局接手追查，一年後福士終於承認使用作弊程式，當電腦偵察到汽車在測試中心作檢查時（車輪轉動但軚盤及車身不動）就會開啟減排系統，順利通過測試。消息一出，全球嘩然，美國司法部作出檢控，車主也提出民事訴訟。

福士堅稱作弊的只是工程師，高層並不知情，但熟識其運作的人相信，事件與公司為求達到目的不擇手段的管理作風脫不了關係。福士在 Piech 當權後已不斷傳出大大小小的醜聞：1993 年 Piech 剛出任總裁後即聘請美國通用汽車的採購部主

管 Jose Ignacio Lopez 加盟，汽車工業的圈子不大，高層跳槽例子多不勝數，但該事件卻引起極大震盪，因為通用指控 Lopez 是商業間諜，事發後警方在他家中搜出大批通用的機密資料；最終福士向通用支付 1 億美元「和解費」及購買 10 億美元零件。

1995-2005 年，福士以現金和妓女賄賂工會負責人和議員，包括支付工會總幹事 200 萬歐羅的非法獎金及其情婦 40 萬歐羅賄款。受賄被告及兩名福士高層被判入獄。

柴油引擎作弊案逼使管理層大改組，福士賠上 300 億美元的罰款和賠償，多名高層在美國和德國被控。

福士能夠橫行數十年與當地的政治經濟結構有關，德國人認為國內市場太小，企業必須面向世界競爭，第二次世界大戰前的法律容許甚至鼓勵企業組成聯盟以控制生產和分配市場，這種契約組織在大戰後演變成合併、交叉控股或其他方式的合作。德國政府更直接持有企業股份，官商合謀。下薩克森州（Lower Saxony）政府就擁有福士汽車集團的 12.7% 股權和 20% 投票權，前總理施羅德（Gerhard Schroder）及副總理嘉布里（Sigmar Garbriel）均曾出任福士的董事局成員。

Piech 的獨裁令福士起死回生，成為世界級大車廠，但風光背後同時也是藏污納垢之所，最後這位獨裁者也逃不了下台的結局，應驗了車壇元老 Robert Lutz 對 Piech 可能末落的預言：「That management style gets short-term results, but it's a culture that's extremely dangerous. Look at dictators. Dictators invariably wind up destroying the very countries they thought their omniscience and omnipotence would make great. It's fast and it's efficient, but at huge risk」。

參考資料：

Volker: The Man Volkswagen Would Forget, Vidya Ram, *Forbes,* 25 Feb 2008.

Hoaxwagen, Geoffrey Smith and Roger Parloff, *Fortune*, 15 Mar 2016.

Explaining Volkswagen's Emissions Scandal, Guilbert Gates, Jack Ewing, Karl Russell and Derek Watkins, *New York Times*, 19 July 2016.

# 高薪低能：
# Ron Johnson

2012 年 2 月 6 日，美國老字號百貨店 JC Penny 的總部出現了一個 10 呎高的透明膠箱，新管理層要求員工將舊有的公司物件投入膠箱，以示支持新總裁和新文化，結果收集了九千多磅重的「廢物」，包括印有公司舊標誌的 T 恤、文具、杯、袋等，還有優秀員工獎狀！

3 個月前，零售界名人莊臣（Ron Johnson）空降成為 JC Penny 的總裁。莊臣是哈佛 MBA，任職大型百貨店 Target 副總裁時引入「可負擔的奢華」經營概念（affordable luxury），售

賣較高品質的牌子，提高公司的形象和收入，成功打出名堂。
2000 年他投身蘋果公司，協助喬布斯開設蘋果手機專門店，
創出全球零售行業每平方呎銷售額最高的驕人成績，報道指他
服務蘋果其間，連同認股權共收取 4 億美元的報酬！

雷曼事件引爆金融風暴後，百貨業大受打擊，為求變革，JC
Penny 在 2011 年宣告禮聘莊臣出掌公司，消息傳出後股價
大升。

莊臣上任後即招攬一批蘋果舊同事加盟，新舊管理層 60 人到
全國考察不同行業的零售店，然後共同商討改革大計，事後
證明，所謂「共商大計」只是招安和引蛇出動的手段，計劃
早已內定，不徹底擁護新計劃的人都被指為留戀前朝、欠新
視野和不思進取，隨即被清除；結果，熟識公司運作的人極
速流失，造成管理真空。

2012 年 2 月，莊臣宣佈改革大計，在記者會上首先誇耀自己
的成就，再長篇大論恥笑百貨業不思進取，落後於市場，最
後才講解新的營業方針：

- 放棄經常減價和廣發優惠券的推廣策略，改為全年劃
  一價、每月特價和每月兩天的最低價；

- 將百貨公司切割成數十以至上百間精品舖位，交予名牌店經營；
- 大幅減少自家品牌的貨品，改賣名牌商品。有記者披露，莊臣為了吸引 Levi's 進駐，花了一億二千萬美元在全國數百家店為 Levi's 裝修！

有員工建議挑選一些位於高消費區的分店作試點，觀察成效和收集客户意見，減低風險，莊臣的反應是：「蘋果是從不做市場調查的。」

為壯聲威，莊臣投入 4 億多美元賣廣告，並邀請女星 Ellen DeGeneres 為公司代言人，廣告重複攻擊和恥笑 JC Penny 過往的大特價促銷方法，整個推廣無聊和無效，最失策是 DeGeneres 的女同性戀者身份嚇走了大批較保守的忠實客户。

莊臣入職 9 個月後，JC Penny 公佈大改革後的首季度業績：整體收入大跌 23%，網上銷售更跌 33%！莊臣一本正經向華爾街分析員表示：「最重要及鼓舞的，是我深信公司的改革完全按計劃進行，各方面都成績斐然。」[1] 此後跌勢持續，改

........................

1　"The first and most encouraging thing to me is I am completely convinced that our transformation is on track. We are making extraordinary progress in everything we're doing"

革 8 個月累積虧損 10 億美元，股價下跌三分之二。最後董事局辭退莊臣，但公司已傷入臟腑，業務一路走下坡。

莊臣後來接受史丹福大學學生訪問，總結 JC Penny 的失敗原因是員工不願離開安舒區，並非他的策略出錯，簡單總結為八個字：萬般過錯，罪不在我。如此心態，有潛質競逐特首。

**參考資料：**

How to Fail in Business While Really, Really Trying, Jennifer Reingold, *Fortune*, 20 Mar 2014.

JCP - JC Penny Rebrand Launch - Full Presentation, 25 Jan 2012. https://www.youtube.com/watch?v=eTEaYemCW9I

The 10 Weirdest Things JC Penney CEO Ron Johnson Told Wall Street Last Week, Jim Edwards, *Business Insider*, 13 Aug 2012.

Ron Johnson: "It's Not About Speed. It's About Doing Your Best," Deborah Petersen, Insights by Stanford Business, 3 Jul 2014.

# 誰害死 JC Penny

為甚麼前蘋果大員莊臣能空降 JC Penny，並作出一系列荒謬的商業決定長達年半之久？

了解蘋果運作的人都知道，創辦人喬布斯相當獨裁，重大決策都由他定案；聯合創辦人 Steve Wozniak 在自傳中記載，蘋果上市時，全公司的收入幾乎都來自他設計的 Apple II 個人電腦，但公司當時將大部資金投入開發針對企業客戶的 Apple III，Apple II 無資源再發展，Wozniak 十分不滿也無可奈何。

蘋果的另一特色是喬布斯不相信管理通才，他的人力資源守

則是付錢買專才，而專才只要在特定崗位上發揮，公司不會「浪費資源」讓員工接觸其專業以外的知識。同時，蘋果以類似特務機構的保密方法營運，工種分得很細，權責非常分明，不同部門的同事，老死不相往來，凡事絕對保密是公司第一戒命；在總部工作的員工都知道，當有重要新項目開展，辦公大樓就會加建新的牆壁和門鎖，透明的窗會改成磨砂甚至封閉，保安程序更改，這些動作，各人習以為常，沒有人會多問。總裁庫克（Tim Cook）在一輯《60分鐘時事雜誌》說：「可能我們比中央情報局更秘密。」喬布斯在世時，除他和極少數指定大員外，沒有人能公開或私下講述公司的運作和新產品資訊，因此，大部份員工都是和消費者一樣，要看產品發佈會才知道公司的最新動向。

這種管理方法在蘋果公司取得空前成功，因為產品設計、包裝、廣告、財務⋯⋯大小事情都有天才喬布斯和少數高層把關；所以其他數萬員工，無論職銜看似多高級，職能和權力都很有限，能力也參差。一次，一位蘋果的主管向筆者推介他們的服務，那人每說完兩句話就會問：「明唔明呀？」筆者對廢話的忍耐力有限，於是給他送上一張便條：「在座都是有經驗的人，有需要自然會發問，閣下無須不停問『明唔明』。」孺子可教，問「明唔明呀？」的頻率由30-40秒一次延長到2-3分鐘！

了解蘋果的運作就會明白 JC Penny 錯聘莊臣作總裁是何等匪夷所思的事，收費昂貴的獵頭公司和董事局成員沒有理由不知道蘋果的「專才主義」，而且莊臣在 Target 店成功推動「可負擔的奢華」策略是得益於 90 年代經濟增長的大環境；在蘋果，店舖設計由總設計師 Jonathan Ive 負責，零售店的成功，莊臣的功勞有多大，是一個謎，最重要是他根本沒有全權管理任何企業的往績；這樣一個人獲支持在經濟低迷的時刻將有 1,100 間中產老店全線升級為名店，等於要在香港將先施、永安、Uniqlo 改為連卡佛或 Harvey Nichols，是何等不切實際。

很多本地企業負責人招聘管理層時會崇尚名牌：哈佛、史丹福、牛津、劍橋、名牌管理顧問、名牌科技公司、ibanker ……但名牌背後的人如果缺乏實戰經驗，或者經驗和崗位要求不配合，結果往往慘不忍睹，造成期望落差的原因是跨國公司的重要決策包括品牌定位、新產品開發、財務策劃等都由總部決定的，分公司的管理人無論職銜多高，充其量只是很強的執行者，要他們全方位管理一間公司，制訂策略，是強人所難。

所以，深入追究 JC Penny 改革失敗的責任，莊臣只是幕前人物，元兇肯定是背後選拔和大力支持他的董事局成員。

**參考資料：**

*Inside Apple: How America's Most Admired and Secretive Company Really Works*, Adam Lashinsky, Business Plus, 25 Jan 2012.

The Secret Apple Keeps, Adam Lashinsky, *Fortune*, 18 Jan 2012.

Apple: The Genius Behind Steve, Adam Lashinsky, 24 Nov 2008.

*iWoz: Computer Geek to Cult Icon: How I Invented the Personal Computer, Co-Founded Apple, and Had Fun Doing It*, Steve Wozniak, W.W. Norton & Company, Sep 2006 .

# 堅持的代價

某年，有競爭對手投訴筆者的下屬行為不當，幾千里外的英國總部收到消息後，法律、企業傳訊和合規三個部門多名不懂香港業務的洋人如獲至寶，立刻向我提出大量「寶貴意見」。

個案經研究後，發現投訴不成立，本想簡單回覆了事，但洋人請纓寫了一大篇「遊花園」式回應；筆者見同事一番熱心，一時心軟就用了他們的版本；豈料對方改口供再來電郵，三部門的洋人竟仍冥頑不靈，建議再起草另一長篇文章，至此，筆者表示意見我聽過了，多謝各人的協助，身為社長，事情由我全權處理。

結果我回覆表示調查已完結，如仍有懷疑可向政府相關部門投訴，事件平息。豈料洋人心有不甘，對於意見不被接納感到遺憾云云。

後勤部門人員過份「熱心」，由來有因。

總部曾經有一位非常出色的社長，他是牛津歷史系博士，兼有編輯、寫作和前線推銷經驗，在他領導的 12 年間，雖經歷金融風暴，銷售額平均每年有約 8% 複式增長，加上成本控制得宜，盈利保持在 15%-18% 之間；當時，負責營銷和內容製作的資深主管主導公司的決策，其他部門擔當後勤支援，各司其職。

學者型社長退休後，外聘新人接任，新人首次到訪香港，給筆者最深刻的印象是在歡迎晚宴上全程把弄手機，對食物和本地管理層眾人不表興趣。

往後幾年，新人不斷重申要發展數碼、全球化和增強競爭力 3 個「重大未來策略」。後來的發展顯示，「重大未來策略」純是中央集權的藉口，讓他將一批資歷淺的法律、企業傳訊、合規、資訊科技、採購和人事部主管拉進董事局，大幅削弱舊人的影響力，鞏固自己的地位；自此，編輯和行銷部門的

資源不斷被壓縮，不用為業績負責的各部門卻人手無限膨脹，於是有大批「熱心人士」四出為別人製造工作以彰顯其存在價值，筆者在任時還可以擋住部份無理要求，後來變成大小事情都要總部批核，填表和雞毛蒜皮的事都要五、六個人簽名成為常規，原本充滿活力的分社也漸漸變得似政府部門。

官僚文化令業務受損，盈利多年沒有增長，面對困境，新人的亞洲區心腹鋌而走險，從競爭對手公司聘請一位初級生產部經理來當亞洲區部門主管，能夠連升三級的「功績」竟然是她從原顧主處偷來數百項內部機密財務數據，這種行為還得到「心腹」公開大力讚許。

親歷一間聲譽卓越的百年老號變質，筆者心痛之餘堅持向合規部報告。當然，堅持是有代價的；感恩的是得到三百多位同事愛戴，冒得罪權臣的風險自費宴別這位舊上司，還送上各式各樣滿載心思和祝福的禮品。

特別感謝舊同事 Phoebe、Debbie、Adeline、Eunice、Dominic、Lily、Carol、Lyric、Alice、Winky 和 Shaun，還有出版和教育界的朋友 Clara、Jane、Ranee 和 May，先後離開安舒區，與筆者從零開始創造了 D Mind Education 和 D Mind & the Prince 兩個系列的英語教育體系，立足香港，面向世界。

同事親手造的紀念品

# Fake It Till You Make It

*"You can fool all the people some of the time, and some of the people all the time, but you cannot fool all the people all the time." —Abraham Lincoln*

「弄假直至成真」（Fake It Till You Make It）是訓練學員積極思想的格言，意思是學員即使仍在學習階段，但態度、肢體語言、言行等都要像成功人士一樣表現自信，持之以恆、勤加練習就可以真正得到這些特質。但在創科時代，這句話有新的應用，創業失敗者說「fake it」可理解為新產品研發的必經階段，假如投資者有足夠耐心和資金，公司就有機會成功。

2003 年，18 歲的史丹福學生 Elizabeth Holmes 往新加坡一間實驗室實習，適逢沙士疫情肆虐，啟發她去發明一種簡易、快捷、無痛和便宜的驗血方法；翌年 Holmes 輟學創業，史丹福工程學院長 Channing Robertson 加盟董事局；得到知名教授背書，她就拿一個概念四出找尋投資者。

19 歲創業的 Holmes 長袖善舞，長期穿黑色樽領衫，以女版喬布斯示人，形象突出。創業公司資料庫 Crunchbase 估計她多輪融資共籌得 14 億美元，投資者包括 Walmart 創辦人 Walton 家族、新聞集團創辦人梅鐸、甲骨文創辦人 Larry Ellison、特朗普內閣教育部長 Betsy DeVos 家族等。公司的董事局更是星光熠熠，有兩位前美國國務卿基辛格和舒爾茲、前國防部長 William Perry、前疾病管制與預防中心總監 William Foege 等，值得注意的是，上述名人都是八十多歲的長者和創科外行人。

美國的醫療費用高昂，如果市民可以定期用便宜的方法檢測身體，對預防嚴重疾病和減低醫療成本會有極大幫助。可惜 Holmes 根本沒有能力製造出一個如此完美的產品，於是不斷拖延產品上市日期，同時使用大型商用驗血設施冒充自家設備為病人驗血。騙局在 2015年爆破，Holmes 被刑事起訴。

筆者一直想不通，要具備那些能力才可以取信於美國政、商界精英長達 11 年之久。直至看到一宗特區法庭「套丁案」，才驚覺 11 年也算不了甚麼。

鄭月娥當政務官時，工作勤奮盡責，聲望不俗，後得曾蔭權和許士仁提拔為發展局長，其間大聲疾呼要嚴厲執法，清拆新界僭建村屋，市民一般相信她是敢於挑戰鄉事力量、能為民請命的好官，只是形勢比人強才未竟全功；卻不知道原來她對鄉紳的土地要求十分體諒。

港英 70 年代立例容許新界男丁在認可範圍內建造丁屋自住，法律也允許建屋後補地價將丁屋出售，但不允許立心賣屋謀利，因此一直要求申請人要聲明自己是土地的唯一業權人，而且在申請時無意圖、也沒有與其他人達成協議出售丁屋。鄭月娥當發展局長時去信鄉議局，表示決定取消上述法定聲明，改將有關規定列入附註當中，又在信中釋法稱「若發現承批人或持牌人違反有關的契約條款，地政總署可採取契約執法行動，依照《政府土地權（重收及轉歸補救）條例》的程序重收有關地段。這些措施都不牽涉把承批人或持牌人刑事定罪。」

2015 年有原居民被控收取 230 萬元出賣丁權，串同發展商詐

騙地政總署，以農地興建丁屋出售圖利，被告向法庭出示鄭月娥 2007 年的官方信件辯解但不獲接納，被裁定串謀詐騙刑事罪成。

「套丁案」的判詞指出，將聲明刪除明顯是意圖消除男丁的披露責任。如果行政部門寫一封公函就可以改變刑法，為鄉紳送上百億元計的潛在利益，鄭月娥或許可成為全世界最值錢的作家！

鄭月娥建立勤奮工作、關顧市民福祉的形象，手法一直非常成功。2012 年梁振英當選特首後即爆出僭建新聞（僭建是競選其間對手唐英年被攻擊的重點之一），又遇上大規模反國民教育運動，民望急跌，當時作為政府第二號人物的鄭月娥急急切割，在電視訪問時落淚和自嘆「度日如年」，有人以為她為守護市民利益反對梁振英的施政，前上司陳方安生也勸諭她必要時辭職明志。

數星期後「度日如年」的鄭月娥公開稱擔心廉政公署、申訴專員公署這些監察機構令官員疲於應付，成為政府施政的主要障礙，影響政府的執行力，這些監察機制是不是令她「度日如年」的原因？不管當時真相如何，相信有人聽到必定心領神會，知道鄭月娥是支持行政全權主導、政府不受制衡和

反對三權分立的好幹部。果然，幾年後鄭月娥榮升特首，三十多年建立民望的辛勞獲得回報，從此可以真情流露，盡情發揮。

Holmes 的「fake it」工夫只維持了 11 年，功力未夠深。

理論、教育與人才篇

# 彼得原理：
# 了不起變起不了

「2019反修例」社會運動其間，鄭月娥花 500 多萬元成立「對話辦公室」，統籌落區聽取民意和辦一次「對話會」；原來政府民政事務局、各政策局、特首辦和新聞處的職責不包括聽取民意。

特區基建工程接連嚴重超支，陳茂波成立「公務工程成本控制辦公室」，以制訂減省成本措施云云；原來工程部門和發展局的職責不包括成本控制。

港鐵工程不斷出錯和延誤，陳帆建議成立「鐵路署」，加強監管 ；原來運輸及房屋局的職責不包括監管鐵路。

有理由懷疑陳茂波和陳帆家中聘有「買餸成本控制專員」及「烹飪質量專員」以防家庭傭工買貴菜和煮壞餸，鄭月娥則會聘用「對話專員」聽取家人的心聲。

不求問責，大有為成立新部門、不斷擴大編制的做法，完全符合英國學者 Cyril Parkinson 大半世紀前提出的「柏金遜定律」。定律指出管理人的特性是小事化大，浪費資源，不停製造更多的工序，令其管理的部門不斷膨脹，以牢固自己的地位。

「柏金遜定律」發表後，加拿大學者 Laurence Peter 分析了大量冗員個案，對柏金遜定律形容的機構膨脹現象深有同感，但研究亦發現，機構不斷增添人手、降低效率的做法在政府和公共機構行得通；但在商界，主管有花紅、業績等誘因和壓力，理應盡力削減人手，控制支出；因此，Peter 相信機構膨脹有可能並非管理人刻意造成，真正原因是他們力有未逮、藥石亂投！當無能高層竭盡全力業務也無寸進，面對壓力，唯一可做的就是提出開展新計劃，請人創立新部門，希望拖延時望天打卦。

但為甚麼能力低的人能成為管理人呢？

Peter 提出「彼得原理」（Peter Principle）解釋蠢人晉升的過程：員工在原有職位上表現出色就會升級，假如在新崗位繼續發揮則會進一步被提升，假以時日，這人終於升到他不能勝任的職位。

最容易墮入「彼得原理」的時刻，是前線員工首次晉升至主管崗位，例如優秀的營業員升級為銷售經理後，往往被人事管理、制訂預算、培訓新人等事情弄得焦頭爛額，單打獨鬥（doing）和管理別人（managing）是兩種不同的技能；如果銷售經理再晉升去管理多個部門，他將要領導一群其他專業的資深員工，又要公平分配資源等等，終有一天，他會步進力有未逮的崗位。

筆者有一次從外地回到赤鱲角機場鐵路票務中心，見有 3 名職員當值，前面有 5、6 個人排隊，估計幾分鐘便買到車票。豈料，3 名職員中只有小妹妹在戰戰兢兢賣票，另一位女士像考官一樣，一臉木然站在小妹妹身後，第三位員工就一直在低頭點算車票，可能是準備下班。20 分鐘後我前面仍有 3、4 位乘客，後面卻增加了十多人，於是我和幾位旅客分別以中英文要求「女考官」多開一個櫃枱，「女考官」稍移玉步，

指向遠處一個通告，冷冷用中文說：「上面寫咗，嗰邊仲有其他 counter，你哋可以去嗰度呀！」說罷即返回原來位置，指着小妹妹補充：「我係唔會開多個櫃位嘅，佢係 trainee，我係 supervisor，要睇住佢。」好一句霸氣回應，反映「supervisor」不了解主管的職責是善用資源為旅客提供優良服務；也說明員工被擢升到不能勝任的職位所產生的後果。

「彼得原理」進一步指出，大部份不稱職的管理人是不會被辭退的。因為當機構發展到達一定規模後，無論高層喊的口號和願景多偉大，一般員工的目標只是保持穩定的權力架構和運作模式，永續自己的薪酬福利；在此大前提下，遇上一般不稱職的管理人阻礙日常工作，其他人寧願繞道而行將事情做妥也不想擾亂江湖秩序；因此，只有少數工作能力極差和極高的兩類人才會不容於機構，他們共同的「罪行」就是破壞穩定，妨礙其他員工按既定規律過日子。

明白「柏金遜定律」和「彼得原理」，可以幫助分析所有大機構的組成和運作。

**參考資料:**

*The Peter Principle*, Laurence Peter and Raymond Hull, Souvenir Press, reprinted 2002.

*Parkinson's Law & Other Selected Writings on Management,* Cyril Northcote Parkinson, Federal Publications Singapore, 1991.

Overcoming the Peter Principle, Andrea Ovans, Harvard Business Review, 22 Dec 2014.

# 成為別人的鄰舍

很多人聽到「柏金遜定律」和「彼得原理」都會拍案叫絕，按圖索驥在自己公司找尋符合這兩套論述的人和事，甚至以此解釋自己的職場遭遇，將不合理的事都歸咎為蠢上司、笨制度和別人的錯；兩位學者的本意並非如此。

《聖經》路加福音第 10 章記載一個故事：有猶太律法專家問耶穌怎樣可得永生。熟悉新約聖經的人都知道，耶穌論道往往是答非所問卻又一針見血；當時他知道來者不善，就反問對方律法怎樣寫，猶太專家回答：要全心全意愛上帝，也要愛鄰舍如同自己。耶穌就叫專家按經文去實踐，暗指來人知而不行，枉稱律法專家。

猶太專家不甘輕易被打發，追問說：「誰是我的鄰舍呢？」
耶穌見此人冥頑不靈，就道出廣為傳誦的好撒瑪利亞人故事，
斥責宗教領袖，滿腹經綸，口頭上仁義道德，遇上被劫受傷
的人卻見死不救，倒是因血統不純正而被猶太人鄙視的撒瑪
利亞人卻出錢出力救助受害者，身體力行，活出律法的真義。
耶穌今次差不多「畫公仔畫出腸」，命令律法專家：「你去
照樣行吧。」意思就是主動去成為別人的幫助（鄰舍），而
非用各種藉口（誰是我的鄰舍？）去推卸責任。

假如讀者了解「柏金遜定律」和「彼得原理」後，單單用此
來批判別人，實在是「走寶」了。兩位學者中，Laurence Pe-
ter 的寫作手法較辛辣和諷刺，但骨子裏他是教育家，重視教
而非罵，所以在引言語重心長地提醒讀者，要認清不斷向上
爬是死路一條，有智慧的人在職場應量力而為，多用心審視
和發掘生命中珍貴的事情，建立高尚人格，珍惜生命的美好
經歷，以致不會浪費精力去追求虛妄的物質和高位[1]。 雖然

---

1　"Man must realize that improvement of the quality of
　　experience is more important than the acquisition of useless
　　artifacts and material possessions. He must reassess the
　　meaning of life and decide whether he will use his intellect
　　and technology for the preservation of the human race and
　　the development of the humanistic characteristics of man,
　　or whether he will continue to utilize his creative potential in
　　escalating a super-colossal deathtrap."

Peter 沒有像耶穌般直接指令「你去照樣行吧」，他期望讀者自省、更新和改變的精神卻和好撒瑪利亞人的教訓互為呼應。

「彼得原理」發表超過半世紀，懂得自省的管理人仍屬鳳毛麟角。筆者有一次接待幾十位來自全球的中高層管理人，並主持一個討論環節；活動是總公司領袖培訓計劃的一部份，出席者都具備多年管理經驗，而且是重點被栽培的對象；非常不幸，當日發言的參加者都直接或間接表達同一觀點，說自己有很多創新意念，卻被公司的制度束縛，如果公司修改制度，他們必可大放異彩云云。總結的時候，我相當直接地指出，在座每一位都是管理層的一分子，有能力參與制訂政策，各人在指出制度的不完善之時，有沒有努力推動改良呢？

當日筆者其實還有一半的話沒有直說：假如管理人相信創新是發展的重要基石，而公司的制度又僵化不改，窒礙創新，有能力的人不必抱怨，應該另謀出路。

一般人都期望環境改變令自己更快樂，卻缺乏自省能力，沒有考慮先改變自己去面對世界，正如聖經故事說：問「誰是我的鄰舍」很容易，要成為別人的鄰舍甚艱難。

# 谷歌成人監管

美國矽谷有一個名詞叫「成人監管」（adult supervision），指初創企業獲得較大規模注資的時候，投資者會要求聘請一位資深的管理人員處理公司的營運。2001 年，成立 3 年的谷歌（Google）也處於這階段，當時很多人都擔心創辦人 Larry Page 和 Sergey Brin 能否找到合適的人選，結果曾掌管 Novell 和 Sun Microsystems 的資深管理人 Eric Schmidt 加盟成為總裁，他成功將谷歌上市並帶領公司快速增長 10 年，2011 年轉為董事局主席並向外宣佈：「公司的日常運作不再需要成人監管了！」[1]

.........................

1　"Day-to-day adult supervision no longer needed!"

Page 和 Brin 成立谷歌時只有 26 歲，沒有管理大機構的經驗，能成功揀選公司第一位外人總裁，證明兩位創辦人的眼光。

Schmidt 退居幕 4 年後，Page 和 Brin 作出另一次非常重要及成功的招聘，重組公司架構，成立控股公司 Alphabet，將谷歌變成子公司，專注發展網上搜尋、雲端服務、YouTube 及安卓手提電話運作系統幾大範疇；其他仍在投資期的新科研業務獨立向 Alphabet 匯報，承擔此重任的大旗手是前摩根士丹利的財務長 Ruth Porat 。

Porat 是華爾街名人，2008 年雷曼事件爆發後，曾被借調美國政府，協助財長普爾森挽救房利美、房貸美和 AIG，令金融風暴不至惡化。2014 年她曾有機會角逐副財長，但因社會瀰漫着敵視投資銀行家的氣氛而作罷。

Alphabet 的主要收入來自谷歌搜尋和廣告業務，但創辦人和投資者希望多元發展，所以對旗下新科技發展寄予厚望，可惜多年來未有顯著成果；Porat 在這背景下加盟，有評論認為是公司推行「第二次成人監管」。

改組後 Porat 兼任 Alphabet 和谷歌的財務長，對內引進財務紀律的觀念，要求投資的項目要有路線圖和時間表，並定

時檢討收支狀況，要多利用視像會議減少出差、開設新職位
要申請、制訂預算以監察支出等；對外則大大提高帳目的透
明度，讓投資者更詳細了解公司的發展狀況。種種對員工的
要求，在一般大機構都有實施，但已引起谷歌部份員工強烈
不滿，有非常資深的管理人員甚至離職，包括無人駕駛汽車
的主腦 Chris Urmson 和智能家居公司 Nest Labs 的創辦人
Tony Fadell，Fadell 是蘋果 iPod 的總設計師，聲譽甚隆。

員工的反彈，反映科技人並不認同新的企業管治和財政紀律，
但投資界的看法似乎不一樣，Alphabet 在 Porat 加入後，股
價不斷上升，屢創新高。

世上有不少具創意的科技人，但谷歌能在短短 20 年左右成
為全球最大的科技公司，兩位創辦人的用人眼光，應記一功。

# 特首最欣賞的人

董建華是大力推薦梁振英和鄭月娥為特首的人；另外，長期追隨董先生的路祥安和被他任命為民政事務局長的何志平都成為國際名人，他選人之眼光可見一斑。

曾蔭權時期，延聘律政司黃仁龍、財經事務及庫務局長陳家強、新聞統籌專員何安達等人，都是一時之選；可議之處是他推動擴大問責制，增聘被政界元老鍾士元評為「烏合之眾」的副局長及政治助理，令人懷疑這些職位是政治分贓的工具。但畢竟曾蔭權師承夏鼎基、翟克誠等，還能施政平順，財政穩健，社會安然度過沒有大型政治動盪的 7 年。

梁振英的管治團隊不濟是社會共識，較少人留意的是他連資助機構的高層任命也亂點鴛鴦，例如盛智文出任海洋公園主席，苗樂文為總裁的十多年，公園年年賺錢，但 2014 和 2016 年兩人先後被撤換，結果公園轉盈為虧，2020 年要政府注資救亡。

現屆政府管治團隊的能力高低，市民心裏有數。是香港沒有能幹的人？還是鄭月娥用人有獨特之處？讀者可以從以下兩件事看出端倪。

2010 年鄭月娥以發展局長身份，公開讚美時任市區重建局主席張震遠是獨一無二、天下間最好的公職人員，原話是「He is not even one of the best, he is the best.」張先生是哈佛 MBA、麥健時管理顧問、市區重建局主席，後來更成為梁振英競選主任、行政會議成員。但風光背後，他 2004 年加入泰山石化任執行董事及副主席，短短幾年便將穩健有盈利的公司變成債台高築，嚴重虧損，最終停牌；2008 年跳船創辦商品交易所，公司沒賺錢，後來也被清盤；他更因欠付員工薪金和詐騙證監會被判刑。張先生的不少敗績都是在鄭月娥稱讚他「天下第一」之前發生。

據說鄭月娥特別欣賞曾擔任民主黨副主席的羅致光，說服北

京接受他為勞工及福利局長。羅的履歷也相當優越：香港大學經濟與統計學士、社工碩士、中文大學工商管理碩士、加州洛杉磯大學社福博士，號稱 160 智商，畢業後大半生都是在院校當教授；又有「民主黨大腦」之稱，在黨內主責政策研究、選舉策略及數據分析，黨友說他熟書，熟數字、愛談邏輯，也可理解為好辯。

稍有管理經驗的人應該都看得出，羅致光是一個欠實戰經驗的智囊型人物，這類人「講」就頭頭是道，但往往缺乏執行上所需的決心、處理人際關係的能力和承擔後果的意志。為官幾年，未見羅致光努力改善勞工或長者的福利，最大「政績」反而是將領取綜援的年齡由 60 歲押後 5 年至 65 歲，還比喻說人生有 120 歲，60 歲才是中年；幾個月後他卻提出將 $2 乘車優惠的資格由 65 降為 60 歲，此計劃的全名是「長者及合資格殘疾人士公共交通票價優惠計劃」，在愛談邏輯的羅致光心目中，60 至 65 歲的人到底是中年、長者還是殘疾人士呢？

即使以智囊的能力論，羅致光長期擔當民主黨大腦，其間黨多次分裂，影響力不斷倒退，與年輕選民脫節，由 90 年代的第一大黨變成政界閒角，這等「人才」在退休之年成為局長，一屆任期領取二千多萬元的薪酬，享盡有錢有權的滋味就願

意與共事三十多年的舊黨友反目，即使公開被鄭月娥羞辱說
「（羅致光）由一個政客加入成為官員，可能佢自己有啲（權
力對我哋嘅負面影響好大）感受啦」[1] 也甘之如飴，盡顯其非
凡品格。

兩位鄭月娥非常欣賞的人就是這種質素。

1 〈羅致光的忠言〉，巴士的報，https://www.bastillepost.
com/hongkong/article/7014449，2020 年 8 月 25 日 15:54。

# 設計思維
## ——學生級數的顯學

大專院校、教授、管理顧問和其他商業機構一樣，要不停推新理論以保持聲勢，由筆者讀大學時代的 Japanese Management、Just In Time Inventory、Zero Based Budgeting、Theory X Theory Y、Six Sigma……到十多年前的藍海策略（Blue Ocean Strategy）和近年越來越紅的設計思維（Design Thinking）。

設計思維火紅到連不讀書的鄭月娥也有所聞，她的第一份《施政報告》強調「來年，商經局會與公務員培訓處合作，將創意

及設計思維引入作為首長級人員培訓計劃的重點」，「……設計思維應從小開始孕育……要讓設計思維方式成為一種解難能力以及和一種推進增值和倡導跨學科合作的新思維」。

設計思維的鼻祖是史丹福大學教授兼 IDEO 設計公司的創辦人 David Kelley，他最為人津津樂道的作品是蘋果 Macintosh 電腦的第一代滑鼠。Kelley 是工程系教授，多年來他為其他學系的學生開辦設計課程，大受歡迎，後得到軟件公司 SAP 創辦人捐款成立 Hasso Plattner Institute of Design at Stanford，簡稱 d.school，成為設計思維發揚光大的基地。

設計思維是一個解決問題和創作的方法，大概包括幾個步驟：

1. 理解用戶需要（Empathy）
2. 定義問題，設定產品／服務規格（Define）
3. 構思不同方案（Ideate）
4. 建立模型（Prototype）
5. 測試（Testing）
6. 應用（Implement）

Kelley 總結，設計思維的精神在於以人為本，努力了解用戶重視的元素[1]。

筆者完全認同設計思維的理念，只不過稍有營銷經驗的人都知道這是近乎「阿媽是女人」的老生常談，要深入鑽研，每一個步驟都可以發展為完整的學習單元；從真實營運角度看，它對競爭對手分析和自我競爭力評估這兩個重要環節的論述較薄弱。Kelley 的拍檔 Tim Brown 在 *Harvard Business Review* 曾經發表一篇文章吹捧設計思維的威力[2]，詳細介紹他為日本單車廠 Shimano 設計全新休閒單車（Coasting

........................

1　"Design thinking is all about empathy. Really try to understand what they really value."
2　Design Thinking, Tim Brown, *Harvard Business Review*, June 2008.

Bike）的經驗，項目在業界備受矚目，連奪 California Design Biennial Award for Giant 及 International Design Excellence Award 兩項大獎，但產品嚴重滯銷，短短兩年就停產；Kelley 和 Brown 從沒有公開評論或檢討此徹底失敗的案例。

花時間追捧設計思維，管理人倒不如細讀一些優秀的市場學課本，如 Philip Kotler 的 *Marketing Management*，保證效果更佳。

事實上，Kelley 提出設計思維的原意是為 20 歲左右、未踏足社會的大學生啟蒙，所以假如有人一本正經向你推廣設計思維，恭喜恭喜，可能閣下青春無敵，外貌似是 20 歲左右的年輕人。至於鄭月娥要將此列為要「首長級人員培訓計劃的重點」，是她認為手下四百多萬元薪酬的官員只有和 20 歲大學生相若的能力和經驗嗎？筆者想起鄭月娥在 2014 年，即成為特首前 2 年，聯同袁國強、譚志源、劉江華和邱騰華因佔領中環事件與 20 歲左右的專上學生聯會代表會面的表現……

# 初創成敗在於人

Apple、Tesla、Amazon、Uber 等科技公司的成功，帶動社會經濟發展，全世界政府都努力創造合適的社會氣氛和教育制度培育下一代。可惜在特區，侃侃而談「致力推動創新創業」的鄭月娥 59 歲競選特首時才接觸面書和 25 年前的新科技八達通，而且她一直鄙視商界，認為商人唯利是圖，大學畢業後「從沒有考慮到私人機構工作」，近年即使有「出面人招手」希望她「跳槽」，但她堅持在政府「服務市民，關顧基層」。

可能有人以為有錢就足以推動創科，現實不是這樣的。筆者近年親身體驗創業熱潮，在北京認識了李海茹女士，她三十

多歲，曾在阿里巴巴旗下的公司工作了 8 年，屬中層經理，2012 年跟隨同事程維創立網上召喚的士公司「滴滴打車」，後易名為「滴滴出行」。據程維回憶，當年他在支付寶工作時，眼見一家合作公司半年內搬了 3 次辦公室，員工從幾十人增至過千！適逢國內流動互聯網發展迅速，他決意創業，考慮了 9 個月，最後投身「打車應用軟件」業。

要推出軟件先要找的士加盟，於是程維和團隊拜訪了北京 189 家的士公司，可惜幾乎所有人都不為所動，第一日只有 16 個司機使用，用戶叫不到車，司機也做不成生意，慘澹經營一個月，僅有的司機都說要退出了，程維無奈每天給員工 300 元，叫他們不斷用滴滴叫車，全城亂走，叫完一輛接一輛。兩個月後，北京下了一場早雪，試用打車軟件的用戶大增，滴滴突破日接千單的紀錄；那個冬天，程維帶同幾個員工，在火車站的士等候區推銷，裝了一萬輛車，過程之艱辛，實不足為外人道，他回憶說：「北京的冬天很冷，那個地方是個過道，一個小時的過堂風就足以把皮膚吹裂開。」

兩年後另一個機會降臨，滴滴聯同微信支付，補貼乘客和司機，以數億元重本力壓競爭對手成為市場領導者；現時滴滴覆蓋全國，司機數千萬，先後獲蘋果公司、日本軟庫和阿布達比政府基金注資數十億美元，收購 Uber 在中國的業務和

入股美國、印度及東南亞的同業，在亞太、拉美、俄羅斯擁有超過 5.5 億用戶，2021 年初估值 500 億美元以上。

類似阿里巴巴、滴滴的故事吸引了萬千年輕人踏上創業之路，北京中關村附近的互聯網教育創新中心大樓，以低廉的租金為小型科技公司提供辦公室和基本商業設備，單一幢大樓就孕育了以百計的初創企業，筆者接觸過一些來自全國各地的朋友，他們暫別妻兒朋友孤身到北京奮鬥，很多時候吃喝睡都在小小辦公室解決，有人還打趣說，中關村在清朝是太監養老及下葬之地，現代創科人在同一地方延續了太監的枯燥和非人生活！

真實的創業生涯就是如此刻苦，毫不浪漫，失敗的機率也十分高，強如滴滴仍然未賺錢，要靠投資者資金維持營運。美國最大網店 Amazon、電動車 Tesla、香港 HKTV Mall 都有長期虧損的紀錄；成功創業者要有過人的意志毅力，擇善固執，但這類人往往離經叛道，不守規矩。

創科界流行一個字：disruptive（顛覆），培養有顛覆意識和能力的人就是政府最重要的創業支援政策，別無捷徑。

# 創業人才的特質

創業要錢、要技術，但更重要是人。以國內滴滴出行的創業團隊為例，他們本來在大機構有不錯的職位，但不求安穩，願意冒險；公司開展初期，萬事不順，卻屢敗屢戰，等到時機降臨即無懼北國烈風，整個寒冬在戶外招司機，事業成功後未有套現去享受人生。很清晰，成功的團隊要有願景、熱誠、吃得苦、願意承受失敗，對比富裕的香港社會，天氣冷要停課、考試有壓力、天文台遲了掛8號風球要罵、加班要辭職、乘飛機忘記拿行李要特首父親提示機場員工「酌情送遞」，這幾類人有錢宜去旅遊賞雪吃米芝蓮餐，萬勿創業。

要有效鼓勵創新，政府和整個社會就要發掘和培育非一般的人。

嘗試新的做事方法往往要顛覆法規，滴滴初創時叫員工不斷乘坐旗下的士「造假賬」；夥拍微信以數億元打補貼戰是「濫用市場權勢」；叫車程式容許顧客加錢召車是鼓勵和協助司機「不按咪錶收費」；收購 Uber 中國是「壟斷」；成功的創業者就是膽大過人，反應快，不斷調整策略以適應市場需要；所以鼓勵創業就是要接受有人挑戰現狀，否則挑戰者遇上凡事要管和向既得利益者傾斜的管治思維，輕則虧本，重則坐牢。

上世紀 70 年代美加長途電話幾分鐘收費近百元，直至 1992 年王維基創立城市電訊，用回撥技術打破電話公司的壟斷，電話費立刻下調。當年法律並沒有寫清楚回撥是否合法，但最終政府沒袒護英資電訊商，讓城市電訊合法存在，令市民得益；同一個王維基，四分一世紀後拿三十多億元去申請電視牌照處處碰壁；還有被送上法庭的 Uber 司機、被趕絕的夜市流動小販，都足以令想自力更生的民眾和有志創業者卻步。

要捱苦、承擔風險和創新，年輕人創業絕對有優勢，特別在發展急速的資訊科技業，阿里馬雲、騰訊馬化騰、滴滴程維、

Paypal/Tesla Elon Musk 等，創業時都未夠 40 歲；青年人家庭負擔較小，創業不成功也可以重新打拼。從前的香港也曾經生機蓬勃，那年頭，32 歲的岑建勳創辦德寶電影；31 歲的王維基創辦城市電訊；30 歲的鍾普洋創辦敦豪國際速遞……

近年，西方教育學者都一致認為，在日趨多元化的社會，昔日的教學方法會令多數學生花精力操練試題，放棄全人發展，埋沒人才；今天特區政府的高官也是在填鴨教育訓練下成長，未必能體會新時代的需要；2018 年底，說要推動創新的鄭月娥在一個教育論壇諷刺在場的學者，說假如改變考試導向的制度，「恐怕像我這樣擅長考試的高材生，也難以進入港大這所最高學府。」她的政績說明，讓「擅長考試的高材生」考入大學，然後進入政府掌權會產生甚麼後果。

不能忘記，我們曾經有一位創科局長，他最為人傳誦的成就是三十多年前「真係見過 Steve Jobs」、多所最高學府的校委會主席年過七十多歲，政壇元老董建華、譚惠珠、譚耀宗等仍發揮巨大政治影響力……或許青年人最大的發展機會，是研發補健和安老產品為這群長者服務。

# 天才愛闖禍

A君 1955 年出生在一個中產家庭，自幼博覽群書，13 歲首次接觸並迷上電腦。當年電腦是非常昂貴的設備，A君就讀的中學有幸安裝了一部終端機，學生可以限時使用電腦，A君經常偷用他人的户口長時間編寫程式，通宵達旦工作，入大學後上課也不專心，經常在課室打瞌睡。

19 歲那年，A君首次因無牌駕駛及超速被捕，兩年後再犯，第二次被捕。

另一個 1955 年出生的男孩 B君，父母因家境貧困，孩子出生後即交別人領養。1975 年雅達利公司（Atari）外判設計一款

電子遊戲機的電路板，B 君接了這個項目，交由精通電腦的好友完成。B 君說收到 700 美元工資，二人平分；真相是基本工資外還有幾千美元的獎金被 B 獨吞了！多年後，好友在自傳表達不快。（「He wasn't honest with me, I was hurt.」）

B 君後來事業有成，更視法規如無物，堅持駕駛不掛車牌的汽車，並經常霸佔公司傷殘人士車位。有一回 B 君到日本旅遊，購買了忍者飛鏢作紀念，離境時機場保安人員要求將飛鏢寄倉，他表示自己乘坐私人飛機，難道會用飛鏢騎劫自己？保安並沒有讓步，B 君盛怒，立誓永不再踏足日本。在工作上，B 君的霸道無情作風令很多人都聞風喪膽。

C 君 1904 年出生在一個富裕的家庭，18 歲進入哈佛，畢業後進入英國劍橋研究院，遇到一位不易相處的導師，於是 C 君試圖以毒蘋果謀害導師但事敗。大學得知事件後沒有報警，只要求 C 君停學及接受心理醫生治療。

A, B, C 君毫無疑問是騙徒、敗類、暴徒，甚至是謀殺犯，理應將他們趕出校，投進監牢，保障社會和諧；不過，假如當年的人只懂嚴懲惡行，將 A, B, C 變成循規蹈矩的模範生，我們今日的生活會很不一樣，因為：

A　君是微軟公司的創辦人蓋茨（Bill Gates）。

B　君是蘋果公司的創辦人喬布斯（Steve Jobs）。

C　君是被稱為核彈之父的物理學大師奧本海默
　　（Robert Oppenheimer）。

近年政府和大學對反叛的年輕人相當嚴厲，校長、高官、法官動輒「震驚」或「強力譴責」，甚至將他們投入監牢，意圖將香港變成只重經濟、少談政治的城市，前特首董建華和梁振英都視新加坡為模範；但在新加坡管治模式下生活成長的人民有甚麼特質呢？

有一次新加坡南北主幹地鐵線在下班繁忙時間突然停駛 5 小時，其間乘客都乖乖困在擠迫和漆黑的車廂中等待救援，後來有人呼吸困難，一位男乘客先詢問有沒有人反對，然後用滅火筒把窗砸爛，讓空氣流通；事件在網絡廣傳，大家都視該乘客為英雄。但「英雄」卻竭力保持低調，拒絕露面或透露姓名，不斷強調是要救命才迫不得已破窗；同時，網民和被困的乘客都紛紛為該男士說好話，因為擔心他因破壞車窗被罰！當地傳媒人李慧敏在台灣發表文章，標題為〈快要死了還怕被罰〉，諷刺新加坡人。

蓋茨、喬布斯或奧本海默的不法行為並不可取，但重點是掌

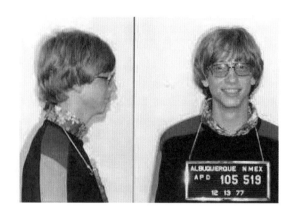

權者選擇甚麼方法培養下一代，凡事嚴刑峻法會令社會看起來穩定但缺乏創意活力；寬鬆的教導未必短期見效，年輕人的反叛也會令成年人感到受挑戰和冒犯，卻可以為多元社會儲備人才；伴隨着資訊科技革命成長的香港人，在「反修例」運動中展示出令人意想不到的意志、毅力、創意和協作能力，如果這些特質能用於創業，前途無可限量。

**參考資料：**

Steve Jobs' Most Outrageous Moment, Robin Parrish, Apple-Gazette.Com, 31 Aug 2012.

Apple's Steve Jobs Stopped at Japan Airport, SPA Says, Jason Clenfield, Bloomberg, 15 Sep 2010.

No Mercy, Malcolm Gladwell, *The New Yorker*, 4 Sep 2006.

*iWoz: The Autobiography of the Man Who Started the Computer Revolution*, Steve Wozniak and Gina Smith, Headline Review, 2007.

# 反省大學之道

幾年前，有女大學生在宿舍門外與男友性交，旁若無人，保安喝斥無效後報警。兩人被控有違公德行為罪，被法官輕判並在原校繼續學業。

同一所大學，2019 年有學生不滿校方多次除去學生會民主牆上記念雨傘運動及懷疑港獨言論，到管理層辦公室要求解釋學校政策，校方堅決不回應，其間有人罵「收共產黨錢」、「舐共」及「屎忽鬼」，又阻止兩位教授離開，擾攘約半小時。校方內部調查裁定學生誹謗、恐嚇、襲擊及侮辱教職員，有損校譽，帶頭者被永久開除學籍。

有理由推論，那所大學的管理層性觀念開放，認為當街性交的學生比躁動不穩、粗魯有禮的學生更配合校譽。

大學教育是這樣嗎？

哈佛 Harry Lewis 教授曾到訪香港大學並以「Excellence with a Soul: The Mission of Undergraduate Education」為題演講，Lewis 上世紀 70 年代開始哈佛大學教電腦科，微軟的蓋茨和面書的朱恩百格都是他的學生，面書的原型網站就以教授的名字命名為「Six Degrees to Harry Lewis」！

Lewis 曾出版 *Excellence without a Soul: How a Great University Forgot Education*，慨嘆哈佛和其他名牌大學因消費主義和競爭（爭高材生、名教授、排名和捐款）而忘卻大學的使命，沒有教導學生成長、尋求生命真諦、成為好人 [1]，2001-06 年擔任哈佛校長的薩默斯（Lawrence Summers）是 Lewis 筆下的反面教材。

..........................

1　"But they have forgotten that the fundamental job of undergraduate education is to turn eighteen- and nineteen-year-olds into twenty-one and twenty-two-year-olds, to help them grow up, to learn who they are, to search for a larger purpose for their lives, and to leave college as better human beings."

薩默斯家學淵源，父母都是經濟學教授，家族原姓 Samuelson，叔父 Paul Samuelson 和舅父 Kenneth Arrow 都是諾貝爾經濟學獎得主。他 16 歲進入麻省理工學院，在哈佛取得博士學位，以 28 歲之齡成為哈佛最年輕的終身教授之一，曾任世界銀行首席經濟師，後來成為克林頓政府的財政部長。

Lewis 形容薩默斯粗暴無禮、專權、急躁、思想空洞、不誠實、口沒遮攔撩事生非，是一個欠教育理想、只愛弄權的經濟動物和行政官僚。他為了中央集權，以改善效率為名，花巨款請管理顧問提改革方案，結果是加設各式各樣的行政職位，新人大小事情都要過問，但又不需對實務承擔責任，結果有能力的舊人大批離去，校園管治效率和士氣大降。

薩默斯就任後即推動號稱是哈佛近百年最全面和重要的課程檢討，歷時兩年完成的報告被教授和學生評為「語焉不詳、陳義過高，是任憑教授理解和執行的空洞建議。」

2005 年，薩默斯公開表示女性在科學和數學方面智力較低，舉國嘩然，文理院史無前例地通過對校長的不信任投票。2006 年，薩默斯被揭露包庇及隱瞞經濟系教授 Andrei Shleifer 受美國政府委託協助蘇聯私有化國營企業其間，利用內幕消息圖利，哈佛和 Shleifer 合共被罰約 22 億港元，迫使薩

默斯請辭。

2007 年，哈佛禮聘了歷史學者 Drew Gilpin Faust 接任校長，她就職演詞這樣説：「大學的本質就是要培育躁動不穩，甚至難於管控的文化……要堅守傳統，有學術自由和寬容離經叛道」[2]。歷史學者的視野和眼界，確有不同。

**參考資料：**

*Excellence without a Soul: How a Great University Forgot Education*, Harry Lewis, PublicAffairs; annotated edition edition 2006.
Unleashing our most ambitious imaginings, President Drew Faust, http://www.harvard.edu/president/speech/2007/installation-address-unleashing-our-most-ambitious-imaginings, 12 Oct 2007.

···········

2    "By their nature, universities nurture a culture of restlessness and even unruliness... will maintain the traditions of academic freedom, of tolerance for heresy."

# Competent, Character, Care

敦豪國際（DHL International）短短十多年由一間小公司擴張到全球百多個國家，創辦人鍾普洋總結出 3C 領袖心法：Competence, Character , Care。Competence（能力）和 Character（品格）較易明，Care[1] 不好譯，因為意思很豐富，它是指以真誠做好事，富同理心、能夠聯繫裏裏外外的持份者、顧全大局和樂意與人合作。

..........................

1　"Competence is doing things right, character is doing the right things, and care is doing it with the right heart."

「反修例」運動中期傳出北京有意撤換特首，鄭月娥會見傳媒，申明依然獲中央支持，亦特別表揚警隊的辛勞，言猶在耳，背後傳出「嘭」的一聲巨響，負責特首保安多年的警司副官昏迷倒地。鄭月娥轉身望一眼之後就若無其事大踏步離去。

這種小事未必會記入香港史冊，卻往往最能暴露當事人真正的 character 和 care。

1989 年共和黨老布殊成為美國總統，兩年後的波斯灣戰爭令他民望升至歷史高點，想不到經濟衰退隨之而來，民主黨對手克林頓以朝氣勃勃的形象吸引選民，一句「It's the economy, stupid」競選口號擊中要害，令老布殊成為少數不能連任的美國總統。讀者可能以為，兩人必定是仇深似海，或最少有很大的隔膜。

2018 年老布殊離世，克林頓向記者講述一個陳年故事。

克林頓就任第一天踏進白宮辦公室，看到枱頭一封老布殊留給他的親筆函：

「剛才踏進這辦公室，四年前那種美妙和心存敬畏的感覺再

THE WHITE HOUSE
WASHINGTON

Jan 20, 1993

Dear Bill,
     When I walked into this office just now I felt the same sense of wonder and respect that I felt four years ago. I know you will feel that, too.
     I wish you great happiness here. I never felt the loneliness some Presidents have described.
     There will be very tough times, made even more difficult by criticism you may not think is fair. I'm not a very good one to give advice; but just don't let the critics discourage you or push you off course.
     You will be our President when you read this note. I wish you well. I wish your family well.
     Your success now is our country's success. I am rooting hard for you.
     Good Luck —
                          George

現。我相信你現在也會有同樣感覺。

我祝你滿有喜樂。以前有總統說：在這裏會感到寂寞，但我從沒有這種經歷。

未來會有艱難，特別是當你遇到一些看來是不合理批評的時候。我沒有能力給你甚麼建議，只想說：別讓批評令你灰心

喪志和偏離要行的路。

你閱讀這封信的時候已經是我們的總統。我祝你一切順利，家庭安康。現在，你成功即是我們國家成功，我將全力支持你。」

克林頓又表示，他上任時和老布殊只有一些官式交往，認識很淺，直至 2004 年因一起協助印度洋海嘯救災工作再結緣，之後兩位年齡相差 22 歲的不同黨派總統結成好友，這段友誼成為克林頓生命中珍貴的禮物（「His friendship has been one of the great gifts of my life」）。

美國的政治充滿競爭，選舉的時候互相攻擊絕不留手，但一切都在陽光下按制度進行，即使 2020 年大選後特朗普不認輸而弄得滿城風雨，但最後權力也可以和平轉移，可能就是這種制度令從政者保留人性和尊嚴。

**參考資料：**

'Dear Bill': Clinton heralds letter from Bush as source of lasting friendship, Martin Pengelly, *The Guardian*, 1 Dec 2018.

# 笨笨設計

敦豪國際（DHL International）的創辦人鍾普洋退休後投入
很多時間培育新一代管理人，總結自己的經驗，出版 *The
First 10 Yards, The 5 Dynamics of Entrepreneurship and how
they made a difference at DHL and other successful startups*，
分析企業成立之初最需要的條件，有一項較少人留意的秘訣
是要求創業者懂設計。筆者深有同感，幾年前我在出版社設
立實習生計劃，設計是學習必經的一環。

設計不單是講美觀，同時要方便使用，兩者缺一不可；可惜
現實世界卻是笨設計處處。

不知甚麼時候開始，商場洗手間將抹手紙和洗手液藏在鏡的背後，以為這樣設計更簡潔美觀。結果客人洗手後要彎低腰、倒轉頭去尋找消失的洗手工具，非常不方便；於是設計師被迫在「簡潔美觀」的鏡上貼幾張指示牌，可惜效果有限，因為洗手液的自動感應器約有一秒時差，客人因不確定洗手液出口位置，手掌左右移動，結果洗手液濺在洗手盆外圍，既不美觀也不衛生。

另一個更笨但全球風行的設計是開放式辦公室。隨着創科業成為世界經濟發展的重要一環，科技公司寬敞、明亮、予人自由開放和透明感覺的開放式辦公室設計成為先進和成功的象徵，據統計，美國現在有超過70%的公司採用開放式設計。

除了追趕潮流和扮有型外，開放式辦公室的支持者常常吹噓沒有間隔的工作間可顯示管理層和一般員工平等相處、更有效促進溝通和團隊合作、激發創意等。如果上述說法成立，發展商也可以宣傳開放式的納米樓可以促進家庭成員平等、夫婦溝通和家庭和諧，是香港的偉大發明。

研究開放式辦公室缺點的報告隨手可得，最明顯的缺點是員工被五花八門的噪音影響，這邊有人電話接個不停、那邊同事抱怨電腦死機、某某要招聘傭工、誰與誰意見不合……澳

洲雪梨大學研究發現，員工對於開放式辦公室的不滿意度超過 50%，導致心存不滿兼不能夠在寧靜環境下專心工作，令生產力降低。

瑞典斯德哥爾摩大學壓力研究所（Stress Research Institute）曾經分析 1,852 位受測試者的身體狀態，研究發現身處於開放式辦公室的參與者因為隱私不受保障，精神壓力大，結果告病假的次數大增。

為甚麼精明的老闆在設計辦公室時會忽然變笨呢？ 當然不是，商業地產公司協會 CoreNet Global 的報告指出，在美國，平均每位員工佔用的辦公室面積由 2010 年 225 平方呎縮減至 2017 年 150 呎，代表租金支出大減 34%。說穿了，甚麼促進溝通互動，激盪創意都是虛話，節省租金最實際。

美國人有 150 平方呎工作空間，開放式辦公室仍然令員工生產力下降，一般香港員工能使用的空間可能不足 100 呎，噪音和失去隱私所產生的壞影響必定更嚴重，主事的人如果仍漠視種種缺點而一意孤行，管理水準的高低，大家心裏有數。

**參考資料：**

*Universal Principles of Design*, William Lidwell, Kritina Holden, Jill Butler, Rockport Publishers, 2003.

Workspace Satisfaction: The Privacy-Communication Trade-off in open-plan offices, Jungsoo Kim, Richard de Dear, *Journal of Environmental Psychology*, Dec 2013, Vol 36: 18-26.

Google Got It Wrong. The Open-office Trend is Destroying the Workplace, Lindsey Kaufman, *The Washington Post*, 30 Dec 2014.

Your Stress Symptoms May Be Caused By Working In An Open-Office Plan, Susan Scutti, *Medical Daily*, 18 Jun 2014.

It's Official: Open-Plan Offices Are Now the Dumbest Management Fad of All Time, Geoffrey James, Inc.com, 16 July 2018.

# 好好笑的中文

近年經常遇到叫人失笑的中文。有一年，肉類零售商組成「鮮肉大聯盟」爭取權益，筆者腦袋當時浮現一個卡通圖畫：有一塊豬肉、一塊牛肉、一塊羊肉拿着咪開記者會⋯⋯「鮮肉」不是人，豈能組成大聯盟呢？ 改稱「鮮肉商户大聯盟」就不會引起誤會了。

乘坐國內航機，筆者最不適應的並非誤點、服務水準或食物質素，是空姐每次廣播都不停重複英式中文「女士們、先生們」，一程飛機就「們」上三、四十次，悶也不悶？

濫用「們」是跟隨英文眾數加「s」或「es」的機械式翻譯。

古德明先生考證，「們」字古時或作「懣」，或作「每」，清朝《通俗編》卷三十三說：「北宋時，先借『懣』字用之，南宋別借為『們』，而元時則又借為『每』」，中文也有「孩子們」、「百姓每」等說法；複數加上「們」不是錯誤，但有較精練、流暢和優雅的方法，簡簡單單說「各位同學、老師、家長和來賓」不是比說「同學們、老師們、家長們、來賓們」更好嗎？英文發音有重音有輕聲，所以外國人說「students, teachers, parents and guests」時，「s」都是短而輕的發音，即使連續出現也不覺累贅，但中文每個音的長短輕重都一樣，不應也不必硬抄英文語法。

除了「各位」外，要表達複數，中文還有一個「眾」字，例「民眾」、「觀眾」、「聽眾」、「大眾」、「眾人」，應避免「民眾們」、「聽眾們」這種意思重疊的怪文。

類似的例子，俯拾即是，越來越多人棄用優雅自然的「早晨 / 安、午安」，改說硬譯英文 「good morning/good afternoon」 的「早上好、中午好」；禍不單行，「新年快樂」也變成了「新年好」。

中文水準下降，不能完全諉過於英文，近十多年氾濫的「打造」、「尖子」、「班子」等詞彙就和英文沒絲毫關連，純

粹反映作者詞彙貧乏。1989 年上海辭書出版社與香港三聯書店共同出版的《新編實用漢語詞典》和 2004 年香港出版的《中華高級新詞典》均沒有「打造」這條目；2008 年版的台灣《遠流活用中文大辭典》中「打造」只有一個解釋：「製造。多指製造金屬器物。」但近年很多人不懂得用字義更精確清晰的「建造」、「建設」、「建立」、「設立」、「設計」、「成立」、「締造」、「塑造」、「開拓」、「開創」、「創辦」等，滿口「打造平台」、「打造完美體態」、「打造理想家居」、「打造帝國版圖」、「打造商業王國」、「打造品牌」、「打造世界」……由實體到抽象，由小工具到世界，竟然都可以由農耕社會的工藝「打造」出來。

至於為甚麼出類拔萃的「優秀人才」、「高材生」、「優異生」、「領袖」、「精英」、「翹楚」、「泰山北斗」等，竟然變成沒有生命的「尖子」，即是物體尖銳的末端呢？將人才貶值成為死物，情何以堪？

將人比喻為死物「尖子」倒是相當客氣了，另一個更不堪的名詞「班子」原來是舊社會泛指沒有社會地位的戲班、妓院、或被差遣的社會基層人士。當一眾高官自稱「管治班子」或「領導班子」，有可能是自謙的表現。

濫用「打造」、「尖子」、「班子」，是將一些本來適用於較為粗糙和形容社會底層事物的詞彙，取代精緻、高尚和豐富的文字，令文章變得機械、僵化和沒品味。

另一類越來越囉嗦的用詞例子是：

- 「正增長」——增長自然是正的，不必將兩字詞變三字經。
- 「負增長」——「負」和「增長」意思相反，「倒退」是正確説法。
- 「溫馨提示」——「提示」本來就是友善的行動，不必加上「溫馨」，不友善的提示可稱為「警告」。
- 「免費贈送」、「依法施政」、「嚴正執法」、「惡意中傷」——似乎是暗示有收費贈送、違法施政、兒嬉執法和善意中傷。

哲學家維根斯坦説：「語言是思想的載體。語言的盡頭，就是思想的盡頭。」

**參考資料：**

〈中華正聲 ——「們」和「被」〉，古德明，《am730》，2013年 7 月 24 日。

〈怎樣改進英式中文？——論中文的常態和變態〉，余光中，《明報月刊》，1987 年 10 月。

# BBC 範文

1960 年美國第一次電視直播總統競選辯論，時任副總統尼克遜對年輕的麻省參議員甘迺迪，尼克遜身體不適，在鏡頭前表現不及充滿自信的甘迺迪，選情受挫，未能登上總統之位，不少分析相信電視辯論的表視是甘迺迪致勝關鍵之一。

由電視普及到社交媒體發達，演說成為從政者的必修技能，但無論言辭多漂亮，聲線多鏗鏘，如果內容虛假空洞，或言不由衷，效果都不會理想。出色的溝通是建基於動人心弦的內容和真誠的表達，技巧是輔助。

有「偉大的溝通者」（the great communicator）之稱的美國

前總統列根在卸任演說中提出：「我不是偉大的溝通者，但我談過很多偉大的話題——那些是我們經驗和智慧的結晶，也是我們所尊崇的信仰，它們是指導了我們兩個世紀的根本原則。」明白這道理就知道為甚麼特區高官的演說都那麼淡而無味。

有一年，梁振英發表施政報告時說有位 5 歲小朋友問他：「行政長官，我長大後住哪裏？香港還有沒有足夠土地？」先不論那位「5 歲小朋友」是否太老積，最有趣的是同一位小朋友在幾年間先後 3 次在梁振英演說中出現在，每次年紀都一樣，彷彿是吃了長生不老的仙丹 。

讀者可以取笑梁振英，但最少他嘗試吸引聽眾，相比之下，鄭月娥一貫自以為是的態度，未上任特首時已醜出國際。

鄭月娥曾經表示希望自己是戴安娜王妃「人民的王妃」和戴卓爾夫人「鐵娘子」的結合體，既以人為本，又果斷英明。雖然她這樣崇英，可惜英國傳媒不領情，在上任特首前的一個 BBC 專訪中，記者連番用溫文的手法表達對鄭月娥的看法。

官員應對媒體訪問的一項基本守則是避免重複記者的負面說

話，負面問題要正面回答，例如記者問被訪者有沒有犯法，安全的答法是列舉例證，說明自己奉公守法，身家清白；被訪者一旦直接否認，新聞的標題就定必會變成「某某說：『我沒有犯法』」。」這種寫法其實是將「某某」和「犯法」捆綁一起，讀者往往會得出被訪者說謊的印象。那次訪問 BBC 的標題就是〈香港鄭月娥：「我不是北京的傀儡」〉。

緊接標題，文章開首這樣寫：「鄭月娥相信天堂已給她預留位置，她說『因為我做好事』。她跟我說這事的時候一臉肅然。」這一段的內容和整篇文章的主題沒有關聯，但卻是用粗黑字體排版，明顯是要吸引讀者注意。

英美有深厚的基督教（廣義包括天主教）傳統，基督教和其他宗教的最大分別，是相信人類靠行善積德是不能進入天堂的！使徒保羅在新約聖經強調：「沒有義人，連一個也沒有」；「你們得救是本乎恩，也因着信，這並不是出於自己……也不是出於行為，免得有人自誇。」耶穌曾多次嚴厲批評那些以為可以靠守律法進入天堂的宗教領袖，咒詛他們說：「天國的門關了，自己不進去，正要進去的人，你們也不容他們進去。」了解這背景，大家可以想像英國讀者看到「天堂留位論」會有甚麼想法。

將平平無奇的 3 句話放在文首，與〈我不是北京的傀儡〉標題互相呼應，作者寫出沒有評語的評語，真高手也。

## Hong Kong's Carrie Lam: 'I am no puppet of Beijing'

Carrie Gracie
China editor
@BBCCarrie

🕓 21 June 2017　　　　　　f ● 🐦 ✉ ≪ Share

Carrie Lam says the "one country two systems" formula is "as robust as ever".

Carrie Lam thinks there is a place for her in heaven. "Because I do good things," she says.

She tells me this with a straight face.

**參考資料：**

President Reagan's Farewell Address to the Nation, Ronald Reagan Presidential Library & Museum, 11 Jan 1989.
Hong Kong's Carrie Lam: "I am no puppet of Beijing", Carrie Gracie, BBC, 21 Jun 2017.

# 正向培訓

基督教聖經記載，亞當夏娃的原罪是要擁有等同上帝的權力，
（"ye shall be as gods, knowing good and evil" - Genesis3：5）。
近代出現的一些新興宗教和思潮，隱隱就是上述原罪的現代
體現。

百多年前出現一種源自宗教、叫人迷信個人意志和能力的思
潮「新思維」（New Thought），*Good Strategy Bad Strategy:
the Difference and Why it Matters* 的作者 Richard Rumelt 教
授指出，「新思維」的核心理念是積極的思想帶來成功、消
極的思想導致失敗。20 世紀 30 年代，「新思維」脫離宗教
範疇成為商界一門重要的學說，70 年代又結合印度冥想、另

類療法和一些東方的神秘主義，演變出「新紀元」運動，滲
入現代管理學，教導積極的人生態度；這類學說不單是心靈
雞湯式的個人勵志作品，還被抬舉為成功的企業規劃策略之
一；據說，著名勵志大師 Anthony Robbins 的「門徒」甚至
包括美國總統克林頓夫婦！

Rumelt 教授反對「新思維」，特別批評因提倡「學習型組織」
（learning organization）而享盛名的「新思維」信徒 Peter
Senge，指出將一些虛無縹緲的信念包裝成管理學問，只能成
為笑話。Senge 是麻省理工學院高級講師，他出版的暢銷書
*The Fifth Discipline, the Art & Practice of the Learning Orga-
nization*，確實頗為引人發笑。

Senge 認為企業唯一可持續的競爭優勢是要成為「學習型組
織」。要建立「學習型組織」，全體員工就要擁有共同願景
（shared vision），這種共同願景並非管理層由上而下推動的
目標，而是員工發自內心的高層次個人願景滙聚而成的整體
崇高理念，而個人願景則可透過默想、發揮潛意識、回應上
天呼召和不斷追求成長而達至！Senge 盛讚 80 年代後期由
John Sculley 主政的蘋果電腦為有願景的成功機構。Sculley
原是百事可樂總裁，1983 年加盟規模還細小的蘋果，兩年後
說服董事局將創辦人喬布斯逐出公司；*The Fifth Discipline*

出版後兩年，蘋果步向破產邊沿並解僱 Sculley，接任的兩位總裁 Michael Spindler 和 Gil Amelio 都在短期內離職。10 年間 4 次宮廷政變的爛攤子，竟被 Senge 形容為員工上下一心，擁有共同願景的成功企業典範。

擁有共同願景的人一起合作確是威力無窮，未必所有人都認同 2019 年的「反修例」運動，但以百萬計的人在所展現的團結、創意和力量，教人刮目相看。與短期的社會運動不同，企業是追逐名利權勢的地方，要培養共同願景，莫非要 HKTV Mall 的送貨員和王維基擁有同一願景，HKTV Mall 才稱得上成功？

很明顯，*The Fifth Discipline* 是一本由沒有商業運作經驗的人寫給渴望成為大公司高層的人看的書。

源自「新思維」的所謂正向培訓課程，為禍甚深，受此觀念荼毒的管理人信徒，將喊喊「yes, we can」、「nothing is impossible」、「I don't accept "No" as an answer」之類的口號當作管理秘技，以為不必評估環境和自己的實力，只要目標訂得高，大力鼓勵（壓迫？）自己和員工，成就便會大。

消極畏縮、終日唉聲嘆氣的人難以成就大事，但這不代表高

言大志就必成功，雄圖大計必須建基在能力、團隊合作、毅力、環境配合、客戶需求等基礎上。筆者曾經統領辦公室瓶裝水公司的市務部，業績相當理想，新產品源源登場，盈利也高；某年有洋人董事總經理上任想證實自己能力，下令研究在飲水機加裝流量計和流動通訊晶片，收集數據計算用水量，希望可以毋須客戶落單而自動安排送水；洋人相信此「科技大突破」可減少客戶缺水，增加銷量。不過稍了解茶水間運作的人都會知道此路不通，因為所有公司都不會接收沒有訂購記錄而自動送上門的貨品的。可惜在「正向思考、科技無敵」的旗幟下，市場實況是不被考慮的。於是市場總不斷有人高言大志盲目投資，唔識就嚇死，識就笑死。

**參考資料：**

*Good Strategy Bad Strategy: The Difference and Why It Matters*, Richard Rumelt, Crown Business, 2011.
*7 Habits of Highly Effective People: Powerful Lessons in Personal Change*, Stephen Covey, Simon and Schuster, 1989.

# 使命宣言

「Where there is no vision, the people perish.」《聖經・箴言 29：18》

自小就被教導做人要有理想、有方向、有計劃。不知甚麼時候開始，商業機構也大談願景（vision）、使命（mission）、價值觀（value），有學者更引經據典，說成功的機構都有清晰的願景、使命和價值觀，讓員工可以上下一心而努力。於是，撰寫願景、使命和價值觀宣言（vision/mission/value statement）就成為工商管理課，有些機構的高層也會久不久腦震盪一下，撰寫、修改或審視各式宣言。

撫心自問，筆者一直都弄不清楚「願景」、「使命」，以至「目標」（objective）、格言（motto）和「口號」（slogan）等名詞的定義、分別和相互關係；以谷歌為例，其企業網頁第一版就申明：「Our mission is to organize the world's information and make it universally accessible and useful（匯整全球資料，以供大眾使用及帶來效益）」。願景呢？互聯網上有人說是「To provide access to the world's information in one click」，但其企業網頁見不到這句話。

谷歌曾經常強調「不作惡」（Don't be evil），多年來員工行為守則的開首引言和結束都是這句話。

到底甚麼是谷歌的「願景」、「使命」和「格言」？筆者不清楚，於是電郵其公關部求教，但久久未見回覆，可能他們自己也不清楚，又或尚在修改中——幾年前有人揭露谷歌員工守則的「不作惡」引言消失了，消失的原文為：「"Don't be evil." Googlers generally apply those words to how we serve our users. But "Don't be evil" is much more than that. Yes, it's about providing our users unbiased access to information, focusing on their needs and giving them the best products and services that we can. But it's also about doing the right thing more generally - following the law, acting honorably, and treating co-workers with courtesy and respect.」

隨後，谷歌又被揭發為中國秘密開發網絡審查搜尋引擎
Dragonfly，以行動打倒創辦人 Sergey Brin 10 年前的豪言：
「政府對政治異議的過濾顯然是互聯網自由的最大威脅」，
近年又十分積極在 Youtube「黃標」經常批評中國政府的影
片，減少他們的傳播率和廣告收入。

先按下定義不表，最關鍵的是：有使命和有使命宣言是兩回
事。

有美麗動人的宣言卻經營得一塌糊塗的公司多的是。讀者還
記得摩托羅拉手機嗎？它的使命是以熱誠去創新流動通訊科
技以聯繫全球呢！（We are a global communications leader
powered by a passion to invent and an unceasing commitment
to advance the way the world connects. Our communication
solutions allow people, businesses and governments to be more
connected and more mobile.）

筆者也要招認，當年加入牛津大學出版社後，曾發動一次反
省公司使命的討論。當時業務面對教育改革和學生人口下降
兩大壓力，出版社以往「有麝自然香」的手法未能適應新環

境，於是公司上下圍繞推廣手法、成本控制、出版流程、新
業務發展方向等反覆研究，又透過內部問卷調查、與董事午
餐、各式員工大會等活動，幾年來不斷上下溝通，確立改革
方向，建立很強的基礎和向心力，創造了十多年的穩定增長。
不過筆者沒有將使命、願景變成海報或標語等硬銷，而是管
理團隊身體力行，以行動感染其他同事。

管理大師 Peter Drucker 説過：「企業使命是制訂優先次序、
策略、計劃和任務的基礎，是設計管理架構和工作職權的根
基」[1]。 要理解 Drucker 對企業使命的闡釋，還要看他最常
問管理人的一個問題：「你做甚麼業務？」（what is your
business?）這個問題看似簡單，但要完滿解答，筆者深信管
理人必須清楚知道誰是客人、客人想透過購買產品解決甚麼
問題、企業有甚麼優勢、對手有甚麼強項和弱點等。任何
企業如果能夠專業、客觀、全面和深入分析上述 Customer,
Competence, Competition 三個「C」，並且以此為基礎規劃
業務，誠實地向消費者介紹其產品，無論公司內部有沒有以
文字去制訂各式宣言，其業務定當所向披靡！

---

1　"A business mission is the foundation for priorities,
strategies, plans, and work assignments. It is the starting
point for the design of managerial jobs and, above all, for
the design of managerial structure."

崇高的使命可以凝聚人心，激發鬥志，但使命是要由領袖以
身作則實踐出來，而非寫掛在口邊或牆上。

**參考資料：**

*The Strategic Drucker*, Robert W. Swaim, John Wiley & Sons (Asia) Pte. Ltd, 2010.

*Mastering Strategy, Insights from the World's Greatest Leaders and Thinkers*, Jeffrey A. Rigsby and Guy Greco, McGraw-Hill, 2003.

*Management: Tasks, Responsibilities, and Practices*, Peter Drucker, Harper and Row, 1974.

# 靜思的力量

*"I don't believe anything really revolutionary has been invented by committee... I'm going to give you some advice that might be hard to take. That advice is：Work alone... Not on a committee. Not on a team."*

*- Steve Wozniak, Co-founder of Apple Inc.*

讀者可能都參加過領袖培訓、創意工作坊或團隊建設訓練，通常導師會將參加者分成小組，不同背景的組員要合作完成一個任務，然後派代表匯報過程及成果，這種着重小組合作、即興發揮和演說技巧訓練的模式在商界十分普遍。

這種趨勢源自上世紀初，當年工程師 Frederick Taylor 推動「科學管理」（Scientific Management）改善工廠效率，將工業革命帶來機械化生產的效果發揮得淋漓盡致，生產力大大提高，加上急速城市化，令商界需要大批懂得向陌生人推銷產品的員工；造就了培訓、行銷和廣告行業興起。

商界對人才的需求也影響教育，着重技巧訓練的教育方式也走進校園，筆者三十多年前初到外國讀書，發現課堂發言 （class participation） 也要計入成績，感到十分新奇；近年這種風氣席捲校園，特區教育局訂立的「九大共通能力」要求 （協作、溝通、創造、批判／明辨性思考、運用資訊科技、運算、解難、自我管理和研習） 和商界提倡的「21 世紀技能」大致相近，本地課程也加入大量小組研習項目，有學校已改用小圓枱讓 4、5 個學生圍坐的班房設計，以示走在時代之先。

偏重技能令外向、好動、反應快和交際手腕高明的學生和員工佔盡優勢，這種一面倒的風氣近年引發反省，暢銷書作家 Susan Cain 幾年前出版 *Quiet, The Power of Introverts in a World That Can't Stop Talking* 和成立 Quiet Leadership Institute，令不少企業重新思考人才培訓和晉升之道，原來研究指出，很多出色的領袖、創作人、科學家都是「內向」的人（introvert）。「Introvert」譯作「內向」需要多一點解

釋，心理學的「內向」並非指害羞、不善詞令或不善交際這些外在行為表現，而是指樂於獨處、享受思考、習慣內省、不必依靠外在刺激而能夠時刻保持動力的性格，這些特質與突破性的科學研究和藝術創作有莫大關係。所以讀者不要奇怪，科學家愛恩斯坦、牛頓、高錕、微軟蓋茨、谷歌 Larry Page、Tesla 馬斯克、蘋果 Steve Wozniak、哈利波特 JK Rowling、大導演史匹堡、作曲家蕭邦等都是內向的人。

外向和內向並沒有優劣之分，蘋果聯合創辦人 Steve Wozniak 原是 Hewlett-Packard 的工程師，為了設計一部能普及的個人電腦，他每天早上 6：30 就到公司獨自看資料和思考，晚餐後又回去寫程式，靠一己之力完成了 Apple II。他原本只想將設計公諸於世，但遇上外向的喬布斯，合作創造了一個商業奇蹟。

形容喬布斯外向並不全面，因為他知道自己是思緒澎湃的人，所以長期追隨乙川弘文法師禪修，透過操練冥想擴大他的思想空間（"If you try to calm it [the mind], it only makes things worse, but over time it does calm, and when it does, there's room to hear more subtle things - that's when your intuition starts to blossom and you start to see things more clearly and be in the present more. Your mind just slows down, and you see a tremendous expanse in the moment. You see so much more than you could see before.") ，蘋果產品的簡約設計和突破舊框架的靈感，都是源自獨處、靜思得來的靈感。

冥想並非單一宗教的教導，《聖經》就經常記載耶穌「退到曠野去」，這些上千年的智慧，在雜音紛陳的世界，值得重視。

**參考資料：**

Analyzing Effective Leaders: Why Extroverts Are Not Always the Most Successful Bosses, Knowledge@Wharton, 23 Nov 2010.
5 Mega-Successful Entrepreneurs Who Are Introverts, Entrepreneur.com, 19 Jan 2017.
*Quiet, The Power of Introverts in a World That Can't Stop Talking*, Susan Cain, Random House, 2013.

現實篇

# 中國和西方分道揚鑣

2019 年，電影 *Top Gun* 開拍續集，有眼利的記者發現，男主角湯告魯斯在上集穿着的招牌皮褸再次出現，但衣背一個「Far East Cruise 63-4, USS Galveston」的徽章被動手腳，中華民國和日本國旗變成兩個無意義的符號！荷里活製片人照顧中國市場需要，真是心思細密。

不過並非人人都守潛規則。

2018 年英國 BBC 播出間諜劇 *Killing Eve*，有一集講述中國特工在德國被暗殺，中國官員私下向探員承認死者曾盜入一

名變節情報人員的銀行賬戶,直指中國政府從事網絡間諜活動。

2016 年美劇 *The Last Ship* 第三季的劇情是瘟疫襲全球,倖存的美國軍艦護送新發明的疫苗到世界各地,但中國攻擊軍艦以圖獨佔疫苗,劇中大壞蛋竟然是中國領導人。

差不多同一時間,澳洲電視劇 *Secret City* 的故事軸心是中國滲透澳洲政界,內容有大使夫人和澳洲國防部長通姦、黑客入侵機場航空管理系統、特務非法禁錮和殺害異見人士等。此劇的創作靈感,可能是源自一些相當矚目的案件。

2014 年,有中國資金在紐約成立非政府組織 Global Sustainablility Foundation,由美籍華人嚴雪瑞(Sheri Yan)出任總裁。嚴女士長袖善舞,在澳洲政、商和外交界有深厚的人脈,有中澳社交女王之稱,丈夫 Roger Uren 是退休澳洲高級情報人員及外交官,曾傳出有機會出任駐華大使。2015 年,情報人員在其家中搜出一批機密文件,內容是外國滲透澳洲政界的調查檔案。翌年,嚴雪瑞在紐約被控賄賂聯合國大會主席 John Ashe 罪名成立;十分離奇的是案件開審前夕,Ashe 在健身時被舉重槓鈴壓死!

有人以為中國與西方交惡是源於特朗普，但見微知著，看看上述電視劇播出日期，已知西方民間早已對中共存厭惡之情，而美國政府對華亦早存戒心，2011 年 11 月奧巴馬在澳洲國會演說，表明他的目標是維持亞太地區穩定安全的環境，建立在經濟開放、和平解決爭端、在普世價值和尊重自由的原則下維持區域秩序。他承諾將盡全力以赴（all-in）提升美國的外交參與、調整駐軍、和促進區域經濟繁榮。

2012 年美國眾議院已發表報告「Investigative Report on the U.S. National Security, Issues Posed by Chinese Telecommunications Companies Huawei and ZTE」，白紙黑字指控華為和中興危害美國安全。

2015 年習主席訪美，奧巴馬明確要求中方停止以黑客竊取商業秘密和在南海填海。

2016 年中，曾在白宮和國防部出任要職的 Derek Chollet 出版 *The Long Game: How Obama Defied Washington and Redefined America's Role in the World*，記述奧巴馬 8 年任其間調整外交戰略，明言要把區域優先從原先專注在中東問題，移轉到亞太地區。Chollet 說：「美國在 911 事件之後把重心都放在恐怖主義與中東，經濟又受重創，而中國漁翁得利最豐。

中國強硬派把 2008 年金融危機視為挑戰美國霸權的機會，更不加掩飾地挑戰區域霸權。」

特朗普和前任不同之處，在於手段更強硬，並非立場不同。

筆者 2019 年到澳洲旅遊，多次聽到當地人不滿奶粉被搶購，又在不同地方見到禁止蹲在坐廁上大小便的告示牌，不認同中國人之情，活現紙上。2020 年底美國智庫 Pew Research Centre 發表研究報告，在美、英、澳、日等國家，不滿中國的比例分別為 73%，74%，81% 和 86%。

面對新形勢，習主席大力推動內循環，顯示已作出與西方分道揚鑣的準備，一向強調中西滙聚的香港要轉型了。

**參考資料：**

〈八年回顧，奧巴馬如何調整外交戰略重返亞洲？選讀《美國該走的路》〉，端傳媒，2017 年 1 月 14 日。

《中國的強國構想——從甲午戰爭到今天》，劉傑著，郭介懿譯，台灣廣場出版，2017 年。

Unfavorable Views of China Reach Historic Highs in Many Countries, Laura Silver, Kat Devlin and Christine Huang, Pew Research Centre, 6 Oct 2020.

# 那位領導人應得諾貝爾獎

梁振英曾公開表示，鄧小平推動改革開放，令國民脫離貧窮，應得諾貝爾獎。

中國 1978 年起經濟改革，經數十年的努力人民生活有巨大的進步，但值得深思的是上世紀 80 年代初，台灣、南韓、香港、星馬等地區都已成富裕社會，遲了幾十年起步的中國是重複別人的發展道路，還是自創獨特的發展模式？

北大經濟教授張維迎說：「認為中國經濟的發展得益於獨特

的中國模式，即強而有力的政府、體量龐大的國有企業和英明的產業政策……嚴重不符合事實……根據北京國民經濟研究所編製的市場化指數報告……毫無例外地證明：國有部門越大的地區，經濟增長速度越慢；與國進民退的地區相比，國退民進的地區有更高的增長業績。」

「在改革開放 40 年的時間裏，經歷了西方世界 250 年間所經歷的三次工業革命。後發優勢意味着我們少走了很多彎路，直接可以共享別人曾經花費巨大代價實驗得到的技術成果……牛頓花了 30 年的時間發現了萬有引力，我花了 3 個月的時間搞明白了萬有引力定律，如果我宣稱自己用 3 個月的時間走過了牛頓 30 年的道路，你們一定覺得可笑。」張教授又指出，近代 500 年全世界 838 項重大發明沒有一項來自中國，問題出在中國的體制限制人的自由，沒有自由就沒有創造力；支撐中國經濟高速增長的基礎技術和產品，都是外國人發明的，中國只是應用套利者，不是創新者！

哈佛教授及港大 Asia Global Institute 院士 William Overholt 教授 1994 年出版 *The Rise of China: How Economic Reform is Creating a New Superpowe*，預言中國會踏上經濟強國之路。Overholt 分析，中國的改革是追隨各亞洲經濟體的發展道路——鄧小平和朱鎔基等領導人面對經濟困境，憂慮政權

崩塌，於是模仿亞洲他國經驗，淡化政治意識形態，收起地緣政治的野心，把國家的精力投向經濟發展，先由強力的中央政府規劃和推行，然後隨着經濟發展逐漸開放市場。

*The Rise of China* 出版四分一世紀後，中國成為世界第二大經濟體，但李克強總理表示仍有 6 億人每月收入只有 1,000 元人民幣，Overholt 認為現時中國的市場規模已無法通過政府官僚規劃來管理，只有靠民間智慧才能保持增長。

張維迎和 Overholt 的分析未必正確；世界銀行前首席經濟師林毅夫就持相反意見，近年國內媒體也有言論指中國民營企業已完成歷史任務，應逐漸離場，同時，國有資本大規模進入上市民企，企業設立黨委，權威經濟刊物 *The Economist* 2020 年 8 月以 Xi Jinping is reinventing state capitalism. Don't underestimate it 為題，肯定習主席的「國家資本主義」策略能夠集中力量做大事，有可取之處。

筆者認為當國進民退策略大規模實施後，經濟保持強勁，短期內人均 GDP 由約 10,000 美元升超越台灣的 26,000 美元甚或香港的 48,000 美元水平，就足以證明集體聽黨話、跟黨走是國富民強的捷徑，到時所有西方經濟學教科書都要重寫。假如那天來臨，梁振英不妨打倒昨日的我，提名領導這次改革的總設計師習主席拿諾貝爾獎。

**參考資料：**

《理解世界與中國經濟》，張維迎教授，北京大學國家發展研究院，2018 年 10 月 22 日。

# 科技 996 工廠

27 歲的俞昊然是美國海歸，2014 年在北京中關村創辦了一家編程公司，不足 5 年估值已近 2 億元人民幣，但代價是不間斷日以繼夜的工作，令他患上慢性失眠症，他對 BBC 記者說：「晚上完全睡不着，閉上眼睛想的是公司的事」[1]。

俞昊然是有豐厚金錢回報的創業者，風光背後，中國有以十萬計的年青人，同樣是無休止地工作卻只賺取低微的薪水，期望公司上市，一朝發達。但 2018 年後，政治和經濟前景不

---

1　〈挑戰「996」：中國 90 後互聯網員工的夢想與掙扎〉，BBC 中文網，2019 年 5 月 1 日。

明朗，強如螞蟻金服也馬失前蹄，上市之路越來越難，有員工開始抱怨科技公司一直奉行的 996 工時潛規則。996 代表早上 9 時到晚上 9 時上班，每週 6 天，工時遠超法律容許的每星期 44 小時上限。

面對社會的關注，甚至有員工過勞猝死和自殺[2]，業界大人物的口徑相當一致：

阿里巴巴創辦人馬雲説：「公司能夠 996，我認為是我們這些人修來的福報。你去想一下沒有工作的人，你去想一下公司明天可能要關門的人……加入阿里，你要做好準備一天 12 個小時，否則你來阿里幹甚麼？我希望阿里人熱愛你做的工作，如果你不熱愛，哪怕 8 個小時你都嫌很長，如果你熱愛，其實 12 個小時不算太長。」

京東創辦人劉強東説：「（京東）混日子的人越來越多，幹活的人反倒越來越少……（我）做到 8116+8（朝 8 晚 11，星期 1 至 6 + 星期日做 8 小時）完全沒有問題……我要找到一幫願意為理想而一起拼的兄弟！」

........................

2　〈拼多多一員工在家跳樓自殺！發生了甚麼？〉，新浪科技網，2021 年 1 月 10 日。

達內職業教育培訓集團創辦人韓少雲說：「當天任務完不成不下班，當週任務完不成就不休週末！上月任務沒完成，本月也應 996。」

網購巨企拼多多有一名 22 歲員工加班至午夜後猝死，公司回應稱：「你們看看底層的人民，哪一個不是用命換錢，我一直不以為是資本的問題，而是這個社會的問題，這是一個用命拼的時代。」

華為創辦人任正非沒有就 996 表態，但有一件事可反映他對員工的態度。李玉琢是前華為副總裁，家在北京，公司在深圳，平時出差全國跑，跟家人聚少離多，拼搏 7 年後身體差了，希望請辭休養和多陪伴留在北京的太太，任正非問：「這樣（不跟你搬到深圳）的老婆，你要她幹甚麼？」

這是中國創科領域「成功人士」一切向錢看的心態。

西方企業界的想法較多元化。客户資料管理軟件公司 Salesforce 的 22,000 名員工每年有 28 天有薪假期，另外有 7 天有薪義工假期，連兼職員工也享有帶薪病假和醫療保障（美國醫療保險費用費十分昂貴）；公司更以一對一配對方式支持員工捐助慈善機構，每人每年上限 5,000 美元。

創辦微軟的世界首富蓋茨更身體力行，20 年間捐出近 500 億美元予醫療、衛生和教育慈善項目，而且是去到世界最窮困、衛生環境惡劣的地方，接觸有需要的人。洛克斐勒基金總裁 Rajiv Shah 憶述有一次和蓋茨夫婦到訪孟加拉，適逢當地爆發霍亂，但兩人堅持要去專門接收霍亂病人的醫院，那種醫院的病床中間有個洞，下接一個承載排洩物的桶，蓋茨太太不怕骯髒走入病床之間的通道上，透過翻譯與病人家屬交談和餵食病人。

另外，當網購業不停製造大量包裝垃圾的時候，外國有使命先行公司（purpose driven corporations）已經跨前一步，不單關顧員工，還盡力保護地球，有一間成立不夠十年的 Allbirds 公司，他們出產的輕便鞋是採用羊毛、樹皮和其他再生原料製造，製造一對 Allbirds 的鞋只會產生 7.1 公斤碳排放，比其他公司少 40%。

期望中國 GDP 增長之餘，環境和人民的健康也得到保障。

## Mother Nature is our muse. Building on her handiwork, we're finding new uses for materials that exist right in front of us. Like wool from merino sheep, who have the best hair in nature.

But even great locks need a trim from time to time. With fibers that are 20% the diameter of human hair, our superfine merino wool is breathable, temperature-regulating, and moisture-wicking, all without that irritating scratchiness.

### Inspired by the Flock

In New Zealand, sheep outnumber humans about six to one. Thanks to their wool, our process uses 60% less energy than materials used in typical synthetic shoes.

# 外強中乾的悲劇

滿清在 19 世紀中葉後，朝野深感西洋武備之精，以「師夷長技以制夷」為目標開展洋務運動學習工業技能，設同文館翻譯西方著作，培養留學生，以現代化的公司體制建立製造、軍工、貿易及金融企業，踏上改革的第一步。經歷洋務運動三十多年，國力改善，北洋水師更擁有排水量 7,000 噸級的巨型鐵甲艦，號稱遠東實力最強，優於日本 4,000 噸級的主力艦。當時，慈禧和朝廷深信大清的國力已大大改善，軍力勝過日本。

日本明治維新後，積極部署控制朝鮮半島和滿清東北，1894年清日甲午戰爭爆發前，間諜宗方小太郎撰寫《中國大勢之

傾向》報告：

「中國之革新雖為世人看好，以為必將雄起東方，成為一等大國，但實非如此。察一國，如同察一人，就先洞察其心腹，然後其形體，表裏洞照，內外兼察，始可說其國勢所趨。今中國之外形，猶如老屋廢廈加以粉飾，壯其觀瞻，外形雖美，但一旦遇大風地震之災，則柱折棟挫，指顧之間即將顛覆。

……中國之精力，全耗於形而之下之事，崇尚虛華，拜金風靡，國不似國，民不似民，國家外形雖日新月異，實是一虛腫之人，元氣委靡，不堪一擊。宗方坦言，國家乃人民之集合體也，人民即國家之分子，分子即已腐敗，國家豈能獨強？

……人人所切齒者，貌似痛恨貪腐，實則痛恨自己無緣貪腐，痛惜自己貪腐太少……賣官鬻爵，貪污受賄，執法犯法，此乃廟堂之貪也；米中摻沙，酒中灌水，雞鴨裏硬塞碎石，此乃匹夫之貪也。廟堂之貪，敗壞法紀，匹夫之貪，敗壞常綱，而匹夫猶憤憤不平於廟堂之貪。孟子曰『上下交征利，則國危』，即今日之謂也。」

在這背景下，宗方小太郎斷言：「中國之革新雖為世人看好，以為必將雄起東方，成為一等大國，但實非如此。」戰爭爆

發前一個月，他更潛入威海衛，詳細勘察北洋水師的調動，令日艦能預測其航道，成功在鴨綠江口大東溝伏擊北洋艦隊，標誌着東洋小國的崛起。

歷史證明，洋務運動被僵化的思想和制度限制，滿清中興夢原來不堪一擊，日清戰爭後 5 年，慈禧倚靠義和團向西方宣戰，慘敗，10 年後大清覆亡。

很多現代公司和大清末年外強中乾的境況十分相似，被美國狙擊的華為就擁有卓越的 5G 技術，但一個親身經歷卻叫筆者對這公司刮目相看：幾年前透過朋友介紹認識一位華為的部門主管，向他介紹一個語言學習軟件，對方聽過後表示要將產品授權給他的私人公司後才能放上華為平台；雖然有朋友介紹，但第一次見面就如此「坦率」，叫人受寵若驚。

有上述經驗，當見到華為被指控竊取科技時，筆者一點都不感到奇怪，再細閱檢控文件列出的偷竊過程和一些已結案的民事案紀錄，只能驚嘆偷得那麼笨拙和明目張膽，倒是世間少有，怪不得科技網站 engadget.com 恥笑其所作所為是 「1 percent James Bond, 99 percent Mr. Bean」。

**參考資料：**

《絕版甲午——從海外史料揭秘中日戰爭》，雪珥，台灣大地出版社，2010 年 11 月。

《清日戰爭》，宗澤亞，商務印書館（香港）有限公司，2011 年 7 月。

How Huawei planned international robot espionage via email, Jessica Conditt, Engadget.com, 30 Jan 2019.

〈「華為」三宗罪系列之一：盜竊技術（下）〉，程翔，眾新聞，2019 年 3 月 2 日。

# 大數據泡沫

清日戰爭已是陳年往事，現代戰爭已轉形為不發真槍實彈的
網絡戰、貿易戰和金融戰；收集和分析情報的方法亦大變，
新形態的「間諜」可以安坐冷氣間，利用電腦和數據掌握和
分析的電子信息以克敵制勝。大數據公司 Cambridge Ana-
lytica 就收集了近 9,000 萬項面書用戶數據，發放針對性信息
影響 2016 年美國大選。

面書用戶資料被盜只是現代間諜戰的一碟小菜。早在 2004
年，有美國中央情報局背景的創投基金 In-Q-Tel 成立 Palan-
tir 公司，公司開業首 6 年的生意全部來自美國政府執法部門，
包括聯邦調查局、海豹特擊隊和多個地方的警隊；Palantir 的

軟件能從海量零碎的資訊中梳理出有用的線索，令情報員更快更有效找出偵察對象，有消息指在追捕阿蓋達組織指揮拉登的過程中，Palantir 曾發揮重要作用。現在該公司也為商界服務，很多跨國大企業都成為其客戶，美國最大的朱古力公司 Hershey 就利用其分析發現朱古力放在棉花糖旁可以增加銷路。Palantir 2020 年 10 月以 150 億美元市值上市。

隨着網絡發展，不少公司都嘗試大量收集客戶消費習慣的數據，但收集、分析和應用是 3 種截然不同的專業，公司必需有兼備科技專才和商業知識的團隊才能有效使用數據。能真正應用個人化大數據以提升收益的公司仍屬少數，以教育科技為例，2018 年 9 月，一家號稱有超過一億註冊用戶、全球首間結合人工智能、大數據和英語學習的公司「英語流利說」在美國上市，公司宣傳資料如此說：「早在 2016 年 7 月就正式推出中國首個 AI 英語老師，基於自主智慧產權的 AI 技術，實現了學習過程測、教、練等過程的全面數位化與自動化，提供個性化、自我調整的學習課程」。上市後首份年報披露，全年收入 6.4 億元人民幣，市場推廣和營銷費用已超過 7 億元，即是每 1 元的生意要用 1.1 元「買」回來；連同其他支出，全年虧損 4.9 億元。很明顯，所謂「AI 技術」、「個性化、自我調整的學習課程」未能留住學員，所以要不停投放廣告和提供免費試堂以催谷用戶人數和招新客。這種重金

買客人的現象，到 2021 年仍未明顯改善。

科技公司不斷投資谷大用戶數目但入不敷支是普世現象，網上學習系統 Canvas 的母公司 Instructure 在年報說明：「我們一直在蝕錢，在可見的未來也繼續會蝕，將來也可能不會有盈利」（「We have a history of losses and anticipate that we will continue to incur losses for the foreseeable future and may not achieve or maintain profitability in the future.」）。類似的信息，在創科企業的招股書和年報，俯拾皆是。

市場上有不少公司以收集大量客戶數據作賣點，吸引投資者買入股票，但它們往往只注重科技，忽略市場需求、消費者習慣、產品功能等更重要因素，結果經歷多年仍未能將客戶流量轉化為收入，回報無期。

在販賣大數據夢的混亂時期要穩賺，首先要掌握背後的科技，所以無論「英語流利說」等公司是否成功，為他們提供技術的公司必定收入豐厚，正如大文豪馬克吐溫說過：「淘金熱潮中，最適宜銷售鏟和鋤頭。」（「During the gold rush its a good time to be in the pick and shovel business.」）。

**參考資料：**

Palantir Connects the Dots With Big Data, Michal Lev-Ram, *Fortune*, 1 Mar 2016.

Instructure, Inc., Quarterly Report on Form 10-Q, For the Quarter Ended 30 Jun 2018.

# 香港是日本的老師

1894-95 年甲午戰爭，小日本大敗北洋水師，大清被迫賠款和割讓台灣，舉國震驚，此戰加強了孫文革命的決心，並刺激大批有識之士留學東洋，帶回更多新思潮，直接動搖清室的根基。

今天很多人都喜愛日本文化，卻不知道約 150 年前明治維新時期取得成功，香港是間接的促進者。

事緣 1818 年倫敦傳道會馬禮遜牧師（Robert Morrison）和助手米憐（William Milne）東來馬六甲建立英華書院，由學識淵博的理雅各（James Legge）任校長，1843 年英華遷校

到香港，理雅各隨着遷居香港近 30 年，其間曾為香港佑寧堂 （Union Church）牧師，回國後成為牛津大學首位漢學教授，翻譯大量中國經典和《大秦景教流行中國碑》。

英華書院兼營出版業務，編輯翻譯英文書刊，編纂漢英和英漢字典，引進英國教科書，還出版香港第一份中文報紙《遐邇貫珍》，理雅各的好友兼同事王韜後來創辦《循環日報》，是清末民初一份有影響力的報紙。

1868 年明治維新，日本對外開放，但懂外語者少、懂漢語者眾，於是他們透過香港大量購買中文翻譯的外國書刊，因此日本知識分子視英華書院為亞洲第一學府，是提供西方知識的寶庫，他們到香港都要到英華「朝聖」，並大量搜購書籍回國。

由理雅各翻譯的教科書《智環啟蒙塾課初步》（*Graduated reading: comprising a circle of knowledge in 200 lessons*）就被日本視為珍寶，該書共有 24 篇 200 課，中英對照，內容涵蓋天文、地理、生物、常識、文化，既是學習英文的教科書，也是了解西方知識的小百科，據說明治時代的大思想家福澤諭吉（10,000 日圓鈔票上的人物）也受這套書啟蒙。《智環啟蒙塾課初步》傳到日本後被翻印和改編達 13 次！日本關西

大學沈國威和內田慶市教授深入研究此書並出版《近代啟蒙的足跡——東西文化交流與言語接觸》，考證大量的西方知識和中文翻譯概念和新詞，先通過香港傳到日本再回流中國，促進了兩國的西化進程。

香港啟蒙日本的同時，也深深影響了革命先行者孫文，他1923年回到香港大學演説：「我之思想發源地即為香港。至於如何得之？則三十年前在香港讀書，暇時輒閒步市街，見其秩序整齊，建築閎美，工作進步不斷，腦海中留有甚深之印象……我之革命思想，完全得之於香港。」

小小的香港在歷史曾擔當如此重要角色，值得自豪。

# 冇掩雞籠大花筒

前衛生署長馮富珍離職後成為世界衛生組織總幹事，任內一大新聞是她長時間違規乘坐頭等飛機和入住超豪華酒店，並且上行下效，令世衛員工每年的外遊費用達 2 億美元，比花在防治愛滋、瘧疾、肺結核和肝炎四種疾病的總支出還要高！

接任的譚德塞信誓旦旦要控制差旅費，上任後相關支出「大減」為 1.92 億美元！

官方機構可以如此冇規冇矩，大型私人企業高層的行為可以更荒誕。

2008 年金融風暴後，美國汽車業陷入困境，求政府借貸 250
億美元以渡難關，聽證會當天，三大汽車公司的主管各自乘
坐私人專機從底特律飛往首都華盛頓，議員紛紛追問：車廠
面臨倒閉，但管理人仍奢華度日，納稅人有甚麼理由支持撥
款呢？面對媒體追訪，通用汽車和福特答覆：總裁坐專機是
公司規矩，做法不容妥協。

汽車業曾經是美國繁榮強盛的標誌。著名的麻省理工管理學
院 Sloan School of Management，Sloan 就是 20 世紀初通用

的總裁。1953 年，艾森豪總統提名通用的總裁 Charlie Wilson 為國防部長，當時公司的市場佔有率超過 50%，在聽證會上議員提出潛在利益衝突的問題，Wilson 說了一名句：「美國好，通用好；通用好，美國好。」（「What is good for the country is good for General Motors-and vice versa.」）可以想像，當年能成為通用汽車的管理層是多光榮的事。

1973 年石油危機為慣於造大車的美國汽車業響起警號，省油耐用的日本車乘機搶佔市楊，美國車廠招架乏力，多番裁員減省成本，日本被視為敵人，1982 年華裔青年陳果仁被誤認為是日本人，在底特律遭失業的汽車工人用棒球棍打死。那年代，車廠管理人拿不出任何救亡策略卻繼續當自己是土帝皇。

1979 年，歷史悠久的福特汽車委任首位非家族成員 Philip Caldwell 成為董事局主席及總裁。Caldwell 上任後巡視巴西業務，當地主管不敢怠慢，在高級會所設宴洗塵，並且做足準備，確保專機（Caldwell 當然是乘坐私人飛機）送來大批老闆心愛的英國 Malvern 牌礦泉水。宴會開始，侍應端來一個名貴的銀製水瓶，Caldwell 露出不悅之色，表示要喝 Malvern，經理急忙解釋，餐廳的傳統是不會將水樽放上餐桌，銀瓶內是客人自攜來的礦泉水，但 Caldwell 仍大發雷霆，寸步不讓，堅持要原樽上枱；結果經理把水喉水注入 Malvern

水樽給惡客享用，Caldwell 自以為得償所願。

美國汽車業管理層要威到盡，工人亦享優厚待遇，美國汽車業工會（UAW）自 1935 年成立後即不斷以罷工為手段，換取優厚的薪津，幾十年來勞資關係一直緊張；為對付工會，80 年代通用汽車曾斥巨資引入機械人，但失誤連連滯礙生產，浪費了 460 億美元，工會繼續坐大。有汽車業專家估計，通用 2008 年的平均工人成本是每小時 70 美元，比日本公司設於美國的車廠高 30%-40%，折合每輛車成本平均貴了 1,400 美元（當時一般中型房車約售 25,000 美元）。差別源於極慷慨的退休福利，包括終生長俸和醫療保險。UAW 的另一「功績」是從 1984 年起與美國三大車廠設訂「待工儲備」制度（jobs bank），車廠減產後，被遣散的工人可回公司閒坐長達一年，等候工作崗位出現，其間支取離職前 95% 的工資；2006 年，三大美國車廠合共有 15,000 人領取「待工儲備」津貼。

2007 年，早已內傷的通用和福特分別支付其總裁 1,570 萬和 2,170 萬美元薪津 （未計認股權），同年，豐田汽車的 37 名最高層管理人合共只拿 2,200 萬美元。

2008 年金融風暴，翌年通用申請破產。美國政府最後動用

500億美元購入其資產及品牌，重組債務後大幅裁員並削減福利，成立新通用再營運。

在一個缺乏制衡的環境下，任何人都有機會變得腐敗，私人或政府機構都一樣，不同之處是私人企業要面對市場競爭，腐敗行為會令生意失敗；相反，沒有民意監察政府機構卻可以爛透。

參考資料：

World Health Organization spent more on plane tickets and hotels than AIDS and malaria, Lynsey Chutel, *Quartz Africa*, 23 May 2017.

World Health Organization blew almost $192 million on travel, *Associated Press*, 20 May 2019.

Icons and Idiots: Straight Talk on Leadership, Bob Lutz, Portfolio, 2013.

*Sixty to Zero: An Inside Look at the Collapse of General Motors - and the Detroit Auto Industry*, Alex Taylor III, Yale University Press, 2011.

A Bridge Loan? U.S. Should Guide G.M. in a Chapter 11, Andrew Ross Sorkin, *New York Times*, 17 Nov 2008.

What Explains GM's Problems With The UAW? , Doug Altner, *Forbes*, 20 May 2013.

The True Price Of Auto Labor Costs, David Morgan, CBS, 19 Dec 2008.

# 筍工

有一位 IQ125、大學畢業的 Robert Jordan 在美國康乃狄格州申職做警察，按程序做了一個智能測試並得到優異成績，但後來連面試的機會也沒有，得到的解釋是高智商的人容易對警務工作感到枯燥乏味，離職的機會較高，為了減低人員流失，警方不會招聘高智商的人當警員。Jordan 控告警方歧視，官司由原訟庭打到上訴庭都敗訴，判詞指警方決定可能不智（unwise）但有理據（rational）。

不知道特區有沒有用 IQ 篩選警員，客觀事實是他們大量招聘低學歷的警員。網媒「香港 01」分析 2012-2017 年所有紀律部隊的員佐級職位取錄統計，5 年間入職的警員 80.5% 為

毅進、中學或專上學歷，只有 19.5% 有大學或以上程度，遠低於入境事務助理員的 55% 大學畢業生比例。

2020 年 4 月保安局呈交立法會文件顯示，2019/20 年被取錄的警員中，達大學或以上學歷的比例再下跌至 18%，毅進生則高達 45%，低學歷人員比例遠高於其他紀律部隊。

警員入職的月薪約 25,000 元，不單比中學或毅進畢業生的市場平均薪酬高約一倍，又有大型俱樂部，更可申請合作社低息貸款和宿舍，待遇之優厚不單遠超市場，也拋離其他紀律部隊；最獨特的安排是警隊設有接受公眾捐款的「福利基金」，2019/20 年度收到捐款 1.73 億元，逾 8 成為匿名捐款。種種現象顯示特區警員人工高、福利好、要求低。

上述現象不會無緣無故出現，2012 年特首選舉時有兩件值得注意的事，第一是唐英年爆出梁振英在 2003 年行政會議上說：「需要出動防暴隊及催淚彈對付示威者」，第二是梁振英的競選團隊在小桃園和新界有勢力人士飯敍。兩件看似不相干的事，反映梁振英對各種力量的態度。

梁上任後到天水圍巡視，由一群金毛社團中人保護和開路，曾出席小桃園飯局的猛人更指揮手下追擊示威者，並且公開

高聲呼叫：「喺差人面前唔好打佢，行出馬路先。」同一背景的人，721 在元朗聯同數百名白衣人再建「奇功」，社團人士橫行。

政權移交 20 年，習近平訪港，被稱「公仔佬」的紋身社團中人全面高調跟蹤監視示威者，發現有示威道具就一擁而上肆意破壞，社團人士橫行。

2017 年 10 月，由初級警員成立的員佐級協會舉行 40 週年晚會，卸任三個多月的梁振英以主禮嘉賓身份出現，全場站立並熱烈鼓掌數分鐘，充份顯示梁振英任期內在不同武裝力量內建立堅實支持。

警隊作為擁有公權力的團體，長期吸納缺競爭力較弱的新人，支付遠高於市場的財務回報，已令人費解；最令人疑慮的是他們彷彿有不受制約的特權，包括粗暴對待市民；行動時集體長期隱藏身份；不必申請就舉行三萬人集會，齊聲大喊粗口；涉嫌在法庭作假供被法官批評「大話冚大話」、「砌詞狡辯」、「信口開河」；員佐級協會違反公務員守則，越級發公開信要求「警務處長及管理層⋯⋯不應指派人員執行可能引致受傷的任務或到危險的地方執勤⋯⋯」；再警誡政務司：「⋯⋯給予最嚴厲的譴責⋯⋯在位人士認真考慮是否有

能力帶領公務員，若能力不足，退位讓賢……」。

民調顯示市民對警隊評分甚低，有人相信只是「反修例」運動的後遺症；但細心留意過去多年的發展，可能有另一番理解。

筆者必須指出，仗義每多屠狗輩，在個人層面，學歷與品格高低沒有任何關係；但身為紀律部隊一員，假如目睹涉嫌非法事件而不調查、不舉報、不執法，即使不是直接執行前線工作也可能要負上不能推卸之責。2021 年 2 月，德國檢控一名在 1943-1945 年曾在 Stutthof 納粹集中營擔任秘書的 95 歲婆婆 Irmgard F. 串謀謀殺。婆婆當年是做文書工作。

**參考資料：**

Court OKs Barring High IQs for Cops, ABC News, 8 Sep 2000.
〈【紀律部隊取錄】員佐級學歷分佈　入境處大學生比例最高　達 55%〉，鄭秋玲，HK01，2017 年 10 月 14 四日。
Nazi concentration camp secretary charged in Germany with complicity to murder, Euronews with AFP, 5 Feb 2021.

# 做生意兼爭奪話語權

《紐約時報》有一專題文章介紹美國中餐業的發展，指出隨着富裕的中國移民和留學生大幅增加，各大城市近年出現一批高級中餐廳。

2019 年初，二十多位躊躇滿志的新中餐廳老闆在紐約聚頭，參加者之一趙勇發言：「中餐現在處於一個轉捩點，在座各位可以一起努力，在未來五年裏打造出美國中餐的新形象，獲得更多主流獎項，奪回中餐話語權」，又強調「講好中餐故事」。

與上一代低學歷移民售賣廉價雜碎餐不同，新晉年輕經營者

大都有學士或更高學歷，部份更從美國烹飪學院（Culinary Institute of America）畢業，他們希望提升中菜的定位，配合新中國富強和現代的形象。報道有提及的新中餐廳有傾城（Cafe China）、君子食堂（Junzi Kitchen）、傾國（China Blue）、鴛鴦（Birds of a Feather），其中傾城更曾得到米芝蓮一星的榮譽，成為中國旅客的打卡熱點。

可惜踏進 2020 年，中美交惡和肺炎疫症令中國人的形象一落千丈，新中餐館紛紛結業或轉賣外賣快餐，不少經營者回到中國。

新中餐廳老闆的經歷引起筆者的好奇心，於是上網找尋相關資料，見到一些值得一談的發現。

首先，西方國家並非沒有高級中餐廳，墨爾本的萬壽宮、英美都有分店的 Mr. Chow、倫敦的 Hunan 都屹立數十年。甚至遠在上世紀 50 年代末，有一位江孫芸女士在三藩市開設福祿壽（Mandarin）中餐廳，售賣高級和正宗中菜，深得當地食家推崇，2016 年，福祿壽被耶魯大學歷史系 Paul Freedman 評為「改變美國的十間餐廳」之一（*Ten Restaurants that Changed America*, Liveright Publishing），江女士的兒子後來成立 P.F. Changs 大眾化連鎖中餐廳，全球有三百多間

分店！

經營高級餐廳並非易事，因為要管理各有特性的廚師和侍應，又要日復日年復年保持食物和服務水準；除此以外，歐美客人重視整體用膳體驗，餐廳裝修陳設、空間、燈光、背景音樂、餐具、食物擺設都要令人賞心悅目，上菜的秩序和節奏要講究，最重要是要提供豐富的酒類選擇，單是藏酒一環已經是高深學問，倫敦 Hunan 的酒牌就有 20 頁、每頁的選擇達 15-18 種之多！能集各種優點於一店的經營者，其個人品味也十分出眾；例如福祿壽創辦人江孫芸是成長在民國時代的富裕家庭，入讀教會辦的輔仁大學，父親是留學法國的工程師，丈夫是教授和駐日本大使館商務參贊，有這種文化內涵和人生閱歷，與西方上層社會人士交往自然得心應手。

回頭看美國的新中餐廳，確是比舊式餐館較注重裝修，可惜整體條件恐怕仍未達到高級餐廳的要求，充其量是中檔級數。以名店傾城為例，室內設計參照民國年代上海風情，但使用的餐具仍是唐人街級數，食物擺設欠缺美感，菜單設計過於簡潔單調，一些菜式的英文翻譯比較隨意[1]，酒類選擇未夠豐富。

........................

1　例如夫妻肺片譯作「Husband and Wife Special」。

上述都是一些表面的「病徵」，筆者猜想真正的「病源」是
新中餐廳的經營者的背景和心態，中國經歷了近百年戰亂和
政治運動，直至加入世界貿易組織後經濟快速增長，近年才
有一群人累積大量財富，所以 30 歲左右的餐廳新手即使家境
富裕，恐怕也未能深入了解西方世界和上流社會的消費習慣，
更不應期望他們像江孫芸或 Mr. Chow 一樣擁有上流社會精
英的背景和氣質，對高級餐飲的細緻要求瞭如指掌。

而且，新中餐廳老闆強調要「奪回中餐話語權」和「講好中
餐故事」，意思似乎是要求西方高消費客群接受眾年輕老闆
心目中的美好中國和中餐形象，而並非努力去了解和迎合當
地消費者對高級餐飲體驗的期望，這種愛國情操令人敬佩，
但做生意和做大外宣是不
同的事業，要兩者兼得，
困難重重，肺炎疫情影響
有機會只是令他們結業的
最後一根稻草。

Cafe China 的食物擺設

**參考資料：**

〈美國新一代中餐廳的深層危機〉，榮筱箐，《紐約時報》中文版，
2020 年 12 月 9 日。

# 廁紙會議的啟示

前中央政策組顧問劉細良在網台講述過這故事（讀者請自行判斷故事的真實性）：他問過一位追隨鄭月娥多年的官員，怎樣應付鄭的工作要求，官員說接到任何指令，必須在最短時間交出一份建議，質素不重要，因為任何內容都不會令鄭月娥滿意，她必定另有一套想法叫人跟從；如果有異議，通常會得到一個語帶譏諷的回應：「咁你係咪唔想做呀？」漸漸，官員都收聲省一口氣，甚至離職。

從前不是這樣的。

政權轉移後不久，一位高官發現羅湖站公廁沒有提供廁紙，

下令商討改善；於是粵港合作統籌小組、旅遊事務署、羅湖警隊、海關、入境處、鐵路公司、屋宇署、旅發局（由筆者代表）共 8 個部門二十多位管理層人員開會討論，各人先後發言支持改善，最後因購買廁紙的支出未有預算，在當財政年度不能承擔，兩個多小時後散會，沒有即時結論。

筆者當時慨嘆羅湖廁紙會議反映政府做事墨守成規，欠缺效率。

今天回望，想法大不同，港府原是一個重視政策制訂程序、部門充份參與、要求穩定和延續性的龐大體制，政策由上而下、由下而上反覆討論，經深思熟慮後才推出，優點是認受性較高，出錯的機會少，但速度也慢。鄭月娥上任後，事事一錘定音，下屬不熱烈支持就會被批評，結果政策由上而下，錯漏百出民怨沸騰，市民對政府的評分長期處於低處。

成就這種風格是大勢所趨，並非任何一位特首的個人功勞。北京舉辦奧運會後，一位了解中南海運作的國內朋友向筆者表示，2008 年是中國破局的一年，以後一切會不一樣了；她還叫我留意三件事：

1. 中國決定自主設計和生產 C919 大型商業客機。

2. 開始改造二手航空母艦瓦良格號，後命名遼寧號。

3. 金融風暴後中國成為全球經濟復甦的最大力量，將來在世界舞台的影響力非同小可。

筆者當時以為，中國改革開放 30 年成就不凡，加上完成北京奧運，全國亢奮，朋友可能是過份樂觀了。生產噴射引擎的技術和工藝要求極高，中國戰機的引擎也要購自俄羅斯，距離完全自主設計和生產，尚有一大段路要走。

遼寧號屬 80 年代蘇聯的設計，與核動力、全天候、電磁彈射戰機的現代航母比較，戰鬥力差很遠。這一項評估，技術上正確，但忽略了行動所發揮的社會作用，2017 年電影《戰狼2》以五十多億元票房成為中國史上最賣座電影，筆者才醒覺，軍備原來可以鼓動民族主義，遼寧號可以作為復興夢的一個圖騰，當然有價值。

美國前財長保爾森在 *Dealing with China: An Insider Unmasks the New Economic Superpower* 一書透露，王岐山曾向他表示，2008 年金融風暴後，中國領導層相信自己的制度優於西方，此後國家資本主義抬頭；2020 年全球疫症和美國總統換屆混亂後，更加相信西方正趨向沒落。鄭月娥的施政新風格，

由西九建故宮分館、機關算盡但兩年仍未派完的 4,000 元「關愛共享計劃」、以改善塞車之名補貼西隧、萬億元的填海、觸發「反送中」的修例、兒嬉防疫政策,全由特首說了算,不用諮詢、不必規劃。筆者昔日取笑官員為廁紙而大費周章,今天反省,只能二次創作周星馳電影的對白:「曾經有一個行之有效的制度擺在我的面前,但是我沒有珍惜,等到失去的時候才後悔莫及,塵世間最痛苦的事莫過於此。」

提及填島「願景」,有人說不單不會花光儲備,還可以賣地賺大錢,如此妙計,筆者建議:「1,700 公頃太小了,如果非要為填海設一個上限的話,我會希望係 10,000 公頃。」

# 從政者的能力

2021年人大政協兩會前夕，全國港澳研究會理事田飛龍指建制派不要「忠誠的廢物」，民建聯元老葉國謙反擊「廢柴學者」，估計在2022年下屆政府成立前，「廢物／廢柴」話題不會停止。筆者不懂政治，只是驚訝為甚麼現在才發現要清除廢物呢？政權移交後不久，社會已經出現大量指責當權者能力不濟的言論；鄭月娥亦曾向曾鈺成投訴民建聯多年來未能培養人才，她更考慮過「炒晒」兩名民建聯局長。

從政多年的田北俊曾經慨嘆，從前從政者的基本條件是身家清白，並且在自己的專業界別有卓越成就，兩者缺一不可；另一條路是考入政府當政務官，到不同部門吸收管治經驗，

在官場歷練二十多年才有機會升到署長或更高職位，當年能官至高位的人，無論發言、做事都有根有據。今時今日，當官和從政的標準可能不一樣，例如：

• 肺炎襲港初期，市民開始爭購口罩，鄭月娥命令官員「戴咗（口罩）都要除番」。護主心切，勞工及福利局長羅致光表白「自己連續 22 日沒有戴口罩」。

• 肺炎第 3 波疫情爆發，食肆全日禁堂食，政務司長張建宗建議市民「郊野公園食」；政策兩日後收回，食物及衛生局局陳肇始發現「原來咁多人仲要返工」。

• 有人發現「安心出行」程式在安提瓜和巴布達（Antigua And Barbuda）、幾內亞比紹（Guinea-bissau）等一般人不認識的地方有大量下載，創新及科技局局長薛永恒分析：「香港作為國際大都會，很多人會到不同地方工作或留學，或會持當地手機返港」。

• 油麻地舊樓晚上發生奪命大火，7 死 11 傷，傳媒大幅報道其間民政事務局長徐英偉深夜在面書分兩次上載享用甜品的照片和幸福家庭事，被市民質疑欠同理心，他答覆稱自己「Multitasking 無衝突」。

• 私家車數目上升，運輸及房屋局長陳帆認為是因為年輕人買不到樓轉為買車，「讓自己的靈魂從軀體中出來遊走一下」。

• 上水大塞車，時任立法會議員鄧家彪深入研究後在面書解釋「塞車因為有太多車」。

• 有教師疑因壓力輕生，立法會議員何君堯在議會呼籲老師「唔好笠亂自殺」。

• 立法會議員郭偉強在議會要求立法打擊假資訊，引用英國百載大報《衛報》（*The Guardian*）作例子時說：「另外亦都有《衛報》啦，我相信都係叫世界衛生組織嘅報章」。

• 有記者問立法會議員柯創盛在哪間大學畢業，答：「我要睇番，因現在手上沒有資料。」被追問在那裏讀書也忘記？答：「我記得，因我現在手上沒有資料。」

• 立法會討論撥款拯救海洋公園，容海恩議員提議撥出地方做名牌特賣場：「我自己就覺得香港係需要有啲 Outlet，可能係平價嘅名牌衫。」

筆者不知道怎樣定義「廢物」，但從管理角度分析，大家不應針對「廢物」，因為最重要是探討為甚麼從前的體制能吸納人才，後來卻變成廢物收集站，想清楚問題所在才可以源頭減廢。

問題一時三刻沒有答案，不如講笑語輕鬆一下。

英文政治笑話：
Mr XXX's brain has two sides,
The left side has nothing right,
The right side has nothing left.

中文政治笑語：
未來世界科學發達，換腦手術盛行，有醫生向客人推薦愛恩思坦的大腦，索價十萬美元，病人嫌貴，指出旁邊 XXX 的腦袋，希望便宜一點，怎料醫生說：「貴幾倍，因為好新淨，XXX 無用過。」

讀者可因應個人感受填上 XXX 名字。

# 審批疫苗的疑惑

肺炎疫症長時間肆虐，特區政府的抗疫措施幾乎每一項都受
到非議，連習主席在鄭月娥述職時也表達擔憂；習主席的擔
憂是有道理的，筆者甚至認為「擔憂」是最溫和的用詞了。

最令人驚奇的是批准科興疫苗緊急使用的過程。首先，科興
疫苗的臨床測試只有小量 60 歲以上人士參與，所以在國內只
會讓 60 歲以下的市民接種，但特區政府可能為了顯示一國兩
制，反而將 60 歲以上人士列入優先接種組別，決策的標準令
人摸不着頭腦。

怪事還不止於此。

大眾比較疫苗優劣都會集中討論「有效率」（efficacy），科興公佈第三期臨床測試分別在巴西、印尼和土耳其進行，政府報告引用來自巴西有 12,000 醫療人員參與的數據，「測試樣本有效率」為 50.65%，略高於世界衛生組織的最低 50% 要求。

但原來專業醫療人員不會用單一數字作評估，因為藥廠即使有數萬人做臨床試驗，始終只佔人口的一小部份，要將「測試樣本有效率」投射成為全國／全市數千萬人的「真實總體有效率」就要考慮抽樣誤差（sampling error），為「有效率」計算上、下限，統計學稱為「置信區間」（Confidence Interval，簡稱 CI），常用的標準是 95% CI，意思是重複抽樣 100 次，有 95 次的結果會在這上、下限範圍之內。

明白置信區間的重要性，再閱讀政府批准使用科興的報告 Report on Evaluation of Safety, Efficacy and Quality of Coronavac COVID-19 Vaccine (Vero Cell) Inactivated，讀者可能會更驚奇，因為報告指出有兩組數據（嚴重患者群組和相隔 21 天打第 2 針群組）不符合世衛置信區間下限的最低要求，但政府從來沒有主動披露這些信息。

- the study also demonstrated a better vaccine efficacy in symptomatic COVID-19 cases of increasing severity. The vaccine efficacy for COVID-19 cases of WHO COVID-19 Clinical Progression Scale classification Score 3 (mild cases that need some type of assistance) or above was 83.7% (95% CI: 57.99, 93.67), Score 4 (moderate and severe cases) or above was 100.0% (95% CI: 56.37, 100), and severe cases was 100.0% (95% CI: 16.93, 100). For the vaccine efficacy against severe case, the lower bound of 95% CI did not meet the WHO criteria of >30% and probably due to low number of severe cases during the study;

<--- 95% CI 下限不符合
　　世界衛生組議 >30%要求

- in a subgroup analysis conducted on different dosing intervals, the vaccine efficacy was 49.12% (95% CI: 33.01 – 61.36) for a dosing interval of below 21 days, and 62.32% (95% CI: 13.91, 83.51) for a dosing interval of equal to or more than 21 days. For the vaccine efficacy in dosing interval of 21 days or more, the

- 9 -

lower bound of 95% CI did not meet the WHO criteria of >30% and further study

95% CI 下限不符合
<--- 世界衛生組議 >30%要求

2020 年 12 月，美國輝瑞和德國 BioNTech 共同研發的疫苗（即復必泰）公佈第三期測試報告並獲美國批准使用，測試有 44,000 人參與，是科興的 3.6 倍；消息公佈後政府專家顧問許樹昌教授建議政府不要採用，因為香港沒有足夠冷藏倉庫； 2021 年 2 日 16 日許教授聯同其他專家建議政府批准緊急使用科興疫苗，原因是「the benefits of CoronaVac outweigh its risks for use」，因為報告只有英文版，筆者理解這句英文的意思是「好過冇」；記者追問許教授是否也會注射科興，他嚴詞拒絕回答。3 月 13 日，許教授繼另外兩位

政府抗疫專家小組成員梁卓偉和袁國勇之後，公開接種輝瑞／BioNTech 疫苗。

疫苗注射展開後，連接有年長市民接種科興後死亡，食物及衛生局在輿論壓力下公佈一份十分籠統的指引，但仍然接受 60 歲以上人士優先接種，也沒有提及兩處不符合世衛標準的數據，副局長徐德義表示：「整個疫苗接種過程都係基於一個個人選擇，同埋知情同意底下去做嘅。」

必須指出，專家決定批准科興的時候，即使部份數據不符合世衛標準，可能純粹是因為樣本數目不足，未必能反映疫苗的真實有效性。疫苗研發是非常複雜的科學工程，我們不需要質疑科興的努力。本書付印之日，全球已有以十億計的真實接種紀錄，安全性和效能都有答案，不用再討論；要回顧的是決策和向公眾交代的過程，筆者作為管理人，經常要在資料不充份的情況下做決定，所以了解眾專家的考慮，不同之處，是假如我做錯決定，後果自負；專家為疫苗把關的決定卻影響全民健康，我們普遍的願望只是想以科學為本，用高於「好過冇」的嚴謹標準把關，並且更全面公開決策的過程和依據，讓人可以在真正知情同意下做決定。

**參考資料：**

www.fhb.gov.hk/en/our_work/health/rr3.html

〈中大醫學院教授打 BioNTech　許樹昌：手臂痛咗半日〉，鄭翠碧，HK01，2021 年 3 月 14 日。

# 回水

有一次舊同學聚會，當時是梁振英政府掌政的後期，席間談及退休規劃，大家興高采烈討論享長俸制度的公務員應一筆過提走退休金，還是在有生之年按月領取，當時較多人支持按月領取，但有一位對庫務工作有認識的朋友卻堅定地說應「全數提走」。

看到近年發生的事，令筆者再三思考「全數提走」的深意。

2018 年 6 月，中央改變過去將人民幣發行與外幣存量掛鈎的做法，容許金融機構以 AA 級的企業債券作為抵押品，令貨幣發行更有彈性。

2018 年 9 月，財政司陳茂波發表網誌，指金管局將會夥拍央企投資「一帶一路」項目。

2018 年 10 月，鄭月娥宣告在海中心填 1,700 公頃人工島，政府估算的成本是 6,000 億元，外界參考政府工程超支紀錄和海沙供應走勢，估計最終成本有機會達 10,000 億。

上述的政策將來會產生甚麼結果，言之尚早，但我們可以先參考已發生的事情。

梁振英第一份 2012/13 年度預算案，全年恆常支出約為 2,600 億元（官方說法叫「非經常性開支」，不包括基建、基建超支、退稅等），任期內最後一年（2017/18）已大升至 3,700 億元；進入鄭月娥「理財新哲學」年代，2021/22 年度，政府預算恆常支出 5,176 億，9 年累積增加 2,576 億（+99%）、4 年增加 1,476 億（+40%），遠遠高於同期的經濟增長。

支出大增，市民能否感受到過去 4-9 年政府服務的效率或質素提高了 40%-99%？客觀一點，讀者不妨參考一些政府公開 2021 年第一季的數字：

- 市區公營骨灰龕位輪候期 127 個月

- 公屋平均輪候 5.7 年（67 個月）
- 津助或合約安老院舍的輪候 39 個月
- 骨科門診新症輪候時間最長 139 星期（32 個月）
- 眼科門診新症輪候時間最長 132 星期（30 個月）
- 精神科門診新症輪候時間最長 100 星期（23 個月）

雖然《基本法》第 107 條列明預算需採用量入為出原則，但面對人口老化和住宅長期供應不足，假如政府拿出辦法優先處理公營房屋、醫療和老人福利項目，相信中央政府和絕大部份納稅人不介意額外投資。可惜過去幾年財政預算，口號很多但實在看不出任何清晰的理財理念，倒像是由簿記員加加減減整理出來一盤數。

「錢多就任性」是全世界大小機構官僚的特性，「柏金遜定律」早有定律，所以經濟好的時候任性一下，筆者也不苛責。最令人不解的，是社會運動和肺炎疫情令香港經歷近半世紀最嚴重的政治動盪和經濟衰退，處於水深火熱的市民和商戶徬徨無助之際，動用多年儲備以解民困是應有之義，而且有國安法和新選舉安排後三權合作，一國兩制行穩致遠，經濟復甦可期，前途秀麗，為甚麼 2021 年預算案不單不顧市民需要，還大幅增加股票印花稅、汽車首次登記稅和牌費 30%？

最令筆者不解和不安的是特區有系統地藏起巨大財富，然後揚言要考慮開徵銷售稅和資產增值稅。有留意政府賬目的人都應該清楚，過去十多年，特區政府雖然不斷高額投入基建和嚴重超支，但每年仍有數百至千億盈餘，累積的盈餘有部份成為政府儲備，但有更多被放進不同名稱的基金，一般市民都未必知道有巨額財富放在債券基金、公務員退休金儲備基金、創新及科技基金、土地基金、基本工程儲備基金、獎券基金、貸款基金、資本投資基金、賑災基金、未來基金、外匯基金……

單計外匯基金 2017-20 年的總投資收益就超過 7,300 億元，但交回庫房的不足 2,000 億，即是現屆政府幾年間恆常支出多花 1,476 億，同時在外匯基金收起 5,300 億，然後喊窮要加稅？到底是官員看到一些比 2019-20 年更大的危機快將出現，還是有更重要但暫時不能公開的用途？

1983 年英國首相戴卓爾夫人在保守黨大會上，清楚說明政府是不會創造財富，所謂政府的錢，通通是納稅人的錢[1]。所以

1 "The state has no source of money, other than the money people earn themselves. If the state wishes to spend more it can only do so by borrowing your savings, or by taxing you more. And it's no good thinking that someone else will pay. That someone else is you. There is no such thing as public money. There is only taxpayers' money."

任何「香港稅基狹窄」、「派糖」、「赤字」的討論都沒有意義，真正的要求應該是：「回水」。

**參考資料：**

https://www.ha.org.hk/visitor/template25.asp?Parent_ID=10053&Content_ID=214177&Dimension=100&Lang=CHIB5&Ver=HTML&Change_Page=1

# *關鍵時刻 2035*

統計處公佈 2020 年年底香港人口 7,474,200，比 2019 年減少 46,500 人，原因是單程證移入香港的人數減少和出生率低。人口和經濟發展息息相關，香港自 90 年代中開始，生育率長期偏低，所以十分依賴移民補充人口和勞動力，未來這個趨勢能否延續，影響深遠。

香港只是一個小城市，可以輸入移民紓緩人口壓力，但內地 14 億人大國，問題嚴峻。中國 1960-79 的 20 年間，平均每年新生嬰兒約 2,200 萬，踏入 80 年代，政府推動一孩政策，90 年代後大約徘徊在 1,500-1,700 萬之間，2016 年開放二胎輕微反彈至 1,786 萬，但之後逐年下降至 1,723 萬（2017）、

1,523 萬（2018）、1,460 萬（2019）、1,200 萬（2020）。有專家估計，新生代因為生活態度改變，中國要提高生育率非常困難，反之，隨着放寬二胎的效應減退，幾年後新生嬰數目更可能跌破 1,000 萬；以人均壽命 75 歲推算，半世紀之後中國的人口將會在 8 至 9 億之間，大約現時的三分二。

出生人數下降意味着勞動力減少、消費收縮，加上平均壽命延長令醫療支出和養老金增加，中國社會科學院發表《中國養老金精算報告 2019-2050》，預測城鎮企業職工基本養老保險累積至 2027 年後會入不敷出，到 2035 年耗盡，要靠增加稅收或其他財政來源應付。

國家領導人當然比一般人更了解人口趨勢，中央 2020 年底發表《國民經濟和社會發展第 14 個 5 年規劃和 2035 年遠景目標的建議》，經濟目標正是希望中國 2035 年經濟總量倍增，即是全國人均 GDP 由 2020 年約 10,000 美元增至 20,000 美元，大約相當於現時台灣的 70%；而北京、上海、廣州、深圳、杭州、成都、重慶等大城市更有機會達到 30,000-35,000 美元，到時將會有部份人擁有較強的經濟實力處理人口老化壓力。

關鍵是要達至 2035 年經濟總量倍增就要連續 15 年按年複息增長 4.8%，數字與過去比較好像是比較低，但基數越大，增

長的難度就越高，加上近年面對外國一些不友善的對華政策，新疆等地方需要維穩，要突破各種障礙保持穩定經濟增長，挑戰相當大。

香港過去因中西薈萃而得享繁榮，現國家面對百年未有之大變局，特首、財政司、大企業和有能力的人，特別是新界大地主，要好好思考如何貢獻國家了。

**參考資料：**

《中國統計年鑒 2019》，中國統計出版社。

www.cosmosbooks.com.hk

書　　名　讀歷史・學管理

作　　者　麥嘉隆

編　　輯　王穎嫻

美術編輯　楊曉林

出　　版　天地圖書有限公司
　　　　　香港黃竹坑道46號
　　　　　新興工業大廈11樓（總寫字樓）
　　　　　電話：2528 3671 傳真：2865 2609

　　　　　香港灣仔莊士敦道30號地庫（門市部）
　　　　　電話：2865 0708 傳真：2861 1541

印　　刷　亨泰印刷有限公司
　　　　　香港柴灣利眾街德景工業大廈10字樓
　　　　　電話：2896 3687 傳真：2558 1902

發　　行　香港聯合書刊物流有限公司
　　　　　香港新界荃灣德士古道220-248號荃灣工業中心16樓
　　　　　電話：2150 2100 傳真：2407 3062

出版日期　2021年7月／初版・香港